BULBOUS PLANTS

처음 시작하는 구근식물 가드닝

지은이 **마쓰다 유키히로**
옮긴이 **방현희**

한스미디어

Introduction

식물을 좋아하는 사람에게 식물의 생장 과정을 지켜보는 것은 큰 즐거움 중 하나입니다.
저는 봄, 여름, 가을, 겨울 계절의 변화를 느낄 수 있는 식물이나 무럭무럭 잘 자라는 식물을
좋아합니다. 원예가로서 이런 말 하기는 좀 그렇지만, 제 성향 때문인지 시간이 흘러도 모양이
변하지 않는, 변화가 없는 식물에는 싫증을 느끼곤 합니다.
하지만 짧은 기간에 극적인 변화를 보여주는 구근식물에는 싫증을 느낀 적이 없습니다.
씨앗부터 키워서 꽃을 피우기까지가 어려운 다른 식물과는 달리, 구근식물은 스스로 성장할 수
있는 에너지를 미리 내부에 축적해 놓고 있습니다.

구근식물은 울퉁불퉁한 덩어리에서 싹이 나와 줄기가 자라고 꽃을 피웁니다. 활짝 핀 꽃들은 모두
하나의 조형물로서 매우 아름다우며, 식물이 지닌 신비로운 힘을 다양한 모습으로 보여줍니다.

또한 그 생태계는 마치 인생의 교훈과도 같습니다.
추식구근은 혹독한 추위를 겪지 않으면 아름다운 꽃을 피울 수 없습니다.
튤립이나 글라디올러스는 어미 구근의 에너지를 모두 소진해가며 새끼 구근을 키워낸 후에
소멸해버립니다. 같은 부모 입장에서 보면 그런 강인한 모습이 애처롭게 느껴집니다.

매력이 넘치는 구근식물을 모두 쉽고 간단하게 즐길 수 있다고 말하기는 어렵습니다.
하지만 다루기 어려운 식물도 약간의 사전 지식이 있으면 실패를 줄일 수 있습니다.
설령 실패한다 해도 그것을 검증하고 재도전하는 즐거움이 있습니다.

처음 구근식물을 키우는 초보자는 물론 식물 애호가들도 매혹적인 구근식물에 대해 알게
되고, 다양한 방법으로 즐기길 바라는 마음으로 제작했습니다.
이 책이 정원이나 베란다, 실내에서 구근식물을 키우고 즐기는 계기가 된다면 더없이
기쁠 것입니다.

마지막으로 구근식물은 영어로 엄밀히 번역하면 'Bulbous and tuberous plants'이며,
'구근 및 괴경 식물'을 의미합니다. '벌버스 플랜트Bulbous plants'라는 단어에는 일반적인
구근식물의 총칭 이외에 '괴경 식물'이라는 의미가 있습니다. 따라서 이 책에서는 이해를
돕기 위해 'Bulbous plants'라는 표현을 사용했습니다.

마쓰다 유키히로

Contents

이 책의 사용법

전체적으로 일반 원예 전문점이나 인터넷상의 원예 전문 사이트에서 구입할 수 있는 분화와 모종,
구근이 달린 절화를 중심으로 실었습니다.

식물명: 해당 식물의 일반적인 유통 명칭.
학명: 세계 공통 식물 명칭. 식물에 대한 설명으로 각각 식물의 특성이나 특징, 키우는 방법,
모둠 화분에 사용할 경우의 조언이나 사용 방법 등을 적었습니다.

이 책의 자료는 일본 간토関東 지방의 평야 지대를 기준으로 실었습니다.
그 외 지역의 경우는 기온이나 온도의 높낮이 차이를 고려하여 재배 관리하기 바랍니다.

특별 기재 사항

[식물명에 대해서]
이 책의 식물명은 학명, 외국 유래 종명, 품종명 등을 관용적인 명칭으로 표기했습니다.
또한 원예품종은 ' '로 표기했습니다.
[학명에 대해서]
품종명은 ' '로 표기했습니다.

참고 문헌

이 책을 제작하며 아래의 자료를 참고했습니다.
《江戸の庭園》飛田範夫　京都大学学術出版会
《園芸植物大事典》塚本洋太郎·著　小学館
《園芸と文化》田中孝幸·著　熊本日日新聞社
《簡単·毎年咲く！小さな球根を植えよう》(NHK 趣味の園芸ガーデニング21)　日本放送出版協会
《球根ガーデニング-庭やコンテナでおしゃれに楽しむ-》(セレクトBOOKS)　主婦の友社·編　主婦の友社
《球根で楽しむ小さなガーデニング》(趣味の教科書)　エイ出版社編集部·編　エイ出版社
《球根の開花調節-56種類の基本と実際-》今西英雄·著　農産漁村文化協会
《球根の花スタートBOOK》(別冊趣味の山野草)　栃の葉書房
《球根の花-鉢植えで楽しむ-》(別冊家庭画報)　世界文化社
《決定版 失敗しない球根花》(今日から使えるシリーズ)　講談社·編　講談社
《四季をはこぶ球根草花》(別冊NHK趣味の園芸)　日本放送出版協会
《趣味の園芸》(NHK　テキスト)　日本放送出版協会
《植物知識》(講談社学術文庫)　牧野富太郎·著　講談社
《図説 花と庭園の文化史事典》ガブリエル·ターキッド·著　遠山茂樹·訳　八坂書房
《世界の原種系球根植物1000:250種　1000種の紹介と栽培法·殖やし方·品種改良から寄せ植えの楽しみ方まで》
(ガーデンライフシリーズ)　椎野昌宏,小林谷 慧·著　誠文党新光社
《世界の庭園歴史図鑑》ペネロピ·ホブハウス·著　上原ゆうこ·訳　原書房
《たくさんのふしぎ》(通巻171号「球根の旅」)　さとうち藍·文　海野和男·写真　複音館書店
《小さな球根で楽しむナチュラルガーデニング》井上まゆ美·著　家の光協会
《庭とコンテナで楽しむ球根草花》(NHK出版実用セレクション)　日本放送出版協会·編　日本放送出版協会
《花図鑑　球根+宿根草》(草土花図鑑シリーズ)　久山,村井千里·監修　草土出版
《花と木の文化史》(岩波新書)　中尾佐助·著　岩波書店
《フローラ》大槻真一郎·監修　トニー·ロード·他·著　井口智子·他·訳　ガイアブックス

간단하게, 쉽고,
아름답게 즐기는 수경 재배

물이나 자갈로 키울 수 있는 구근식물.
식물이 지닌 생명력을, 그리고 강인하면서도 귀여운
성장 모습을 직접 보고 느낄 수 있습니다.

Chapter 01

왼쪽부터: 분홍색의 히아신스 '아프리콧 패션', 하늘색의 무스카리 아르메니아쿰 '마농', 앞쪽의 흰색 꽃은 무스카리 보트리오이데스 '알바', 파란색 꽃은 무스카리 '빅 스마일', 뒤쪽의 노란색 튤립은 '폭시 폭스트롯', 그 앞에는 무스카리 아르메니아쿰 '마농', 벨레발리아 '그린 펄', 흰색과 노란색의 원종계 튤립 폴리크로마, 빨간색 원종계 튤립 '릴리퍼트', 오른쪽 가장자리는 무스카리 '빅 스마일'.

구근식물을 실내에서 키워보자!

실내에서 구근식물을 키울 때 가장 손쉬운 방법은 수경 재배입니다.
뿌리와 잎이 자라고, 꽃눈이 커지고, 화사한 꽃이 필 때까지 조금씩
변화하는 모습을 가까이에서 관찰할 수 있는 것은 즐거운 일입니다.
재배 포인트를 알면 더욱 아름다운 꽃을 피울 수 있습니다.

초보자에게도 안성맞춤
구근식물을 수경 재배로 즐기기

'수경 재배'란 물이나 생육에 필요한 양분이 함유된 수용액이 담긴 용기에 직접 식물이 뿌리를 내리게 하여 키우는 방법이다. 구근식물의 수경 재배는 예로부터 널리 알려져 즐겨왔다. 식물은 양분 없이 생장할 수 없지만, 구근은 내부에 양분을 충분히 비축하고 있어 물만 있으면 개화까지 즐길 수 있는 종류가 있다. 수경 재배에 적합한 것은 구근 내부에 꽃눈이 형성되어 있는 여름이나 가을에 심는 구근

종류에 많으며, 크로커스, 히아신스, 수선화, 무스카리 등이 있다. 아마도 어렸을 때 히아신스를 수경 재배해본 사람들도 많을 것이다. 수경 재배는 흙을 사용하지 않기 때문에 청결해 보여 실내 그린 인테리어로 즐기기에도 좋다. 흙을 사용하지 않고 식물을 키우는 방법에는 수경 재배 이외에 모래를 사용하는 '사경 재배', 자갈을 사용하는 '역경 재배' 등이 있다.

왼쪽: 종 모양의 흰색 꽃이 달리는 은방울수선화. **오른쪽:** 파스텔 색상의 무스카리와 히아신스.

꽃눈이 올라올 때까지 화분에서 키운 아네모네를 뿌리째 캐내어 물로 뿌리를 씻어서 흙을 제거하고 유리 용기에 넣었다. 흙에서 키우는 것과는 또 다른 세련된 분위기를 연출할 수 있다.

물로 키울 수 있는 다양한 구근식물

실내 수경 재배는 구근식물의 성장 과정을 즐길 수 있는 점이 매력 포인트입니다.
거실 테이블이나 선반 위 등의 일상생활 공간에 장식해 놓으면 평소 무심코 지나쳐버리기
쉬운 작은 변화나 섬세한 꽃 모양, 뿌리의 상태 등을 알 수 있게 됩니다.
향을 지닌 품종이라면 꽃의 아름다움과 풍성한 향기에 마음까지 여유로워집니다.

놓아두기만 해도
세련된 분위기를 연출할 수 있다

히아신스
[Hyacinthus]

수경 재배를 대표하는 구근식물
다양한 꽃 색깔과 달콤한 향기가 매력

히아신스는 16세기에 지중해 연안에서 이탈리아를 거쳐
유럽으로 전해졌으며, 18세기 초 무렵에는 수경 재배가 가
능하다는 것이 알려졌다. 따뜻한 실내에서 키우면 겨울에
도 꽃을 즐길 수 있어서, 크리스마스에는 여성의 가슴을 장
식하는 꽃으로 사용했다고 한다. 일반적으로 보급된 것은
네덜란드를 중심으로 개량된 더치 히아신스이다. 꽃과 꽃
송이가 크고 꽃 색깔이 다양하며 향기가 짙다.

자미아와 퓨클러 쉐플레라의 초록
빛에 파란색 계열의 히아신스와
보라색 튤립을 더해주었다. 남성
적인 공간에 멋을 더해준다.

창가 테이블에 놓은 히아신스 '아프리콧 패션'과 싹이 나오기 시작한 크로커스. 히아신스의 달콤하고 진한 향기가 온 방 안을 감싼다.

위: 미드센추리 스타일의 선반에 소품과 식물을 배치했다. 왼쪽 상단은 보라색 꽃의 스트렙토카르푸스와 흰색 화분의 호야 빌로바타. 왼쪽 하단의 흰색과 보라색 히아신스 사이에는 아주 작은 잎이 사랑스러운 페페로미아 이사벨라. 오른쪽 하단은 왼쪽부터 주황색 꽃이 달리는 레위시아 코틸레돈, 덴드로비움, 히아신스. **왼쪽 아래:** 꽃이 빼곡히 모여 피는 더치 히아신스. **오른쪽 아래:** 프랑스에서 개량된 로만 히아신스. 더치 히아신스에 비해 꽃이 성기게 피지만 매끈하게 뻗은 모습이 우아한 인상을 준다.

조그마하지만
들판의 바람을 몰고 오는 존재

무스카리

[Muscari]

모아 심은 모습이 아름다운
가련하면서도 강인한 낱꽃

무스카리는 지중해에서 아시아 남서부에 걸쳐 50종 정도
분포하며, 평지부터 삼림 지대, 암석 지대나 자갈밭 등에 자
생한다. 꽃이 포도송이와 닮아 영국에서는 '그레이프 히아
신스'라고도 부른다. 수경 재배로 키우기 쉽고 실내에서도
꽃이 피므로 초보자도 키우기 쉬운 구근식물이다. 식기나
빈 병 등 생활 용품을 이용해 재배하면 생활 공간과 조화롭
게 어우러진 모습을 즐길 수 있다.

왼쪽: 흰색 꽃의 무스카리 보트리오이데
스 '알바'. **오른쪽:** 은은한 하늘색 꽃은
무스카리 아르메니아쿰 '마농'.
오른쪽 페이지: 개수대 안의 노란색 꽃
은 원종계 튤립 폴리크로마. 꽃눈이 달
린 모종을 물로 씻어서 흙을 제거한 후
에 유리병에 넣어 장식해 놓았는데, 수
경 재배도 가능하다. 구근 상태에서 키
울 경우에는 뿌리가 충분히 자랄 수 있
도록 높은 용기를 선택하면 좋다. 뿌리
가 휘감길 수 있도록 자갈이나 경석을
넣어두는 것도 좋다.

위: 무스카리는 구근 내부의 꽃눈을 성숙
시키기 위해서 일정 기간 저온을 경험해
야 한다. 실내에서 키울 경우에는 적어도
1월 초순까지는 추운 장소에 놓아두고,
뿌리가 나온 후에는 따뜻한 장소에 들여
놓도록 한다. **오른쪽 위:** 경석을 사용해
수경 재배로 키운 무스카리 '빅 스마일'.
오른쪽 아래: 녹색 꽃이 소박한 인상을
주는 벨레발리아 '그린 펄'.

유리 덮개 안에는 미니 사이즈
의 무스카리 막사벨. 꽃눈이 달
린 화분용 무스카리의 뿌리를
물로 씻어 흙을 제거하고, 털갓
털이끼와 경석을 사용해 수경
재배로 즐긴다.

신화와 예술,
역사와 함께해온 꽃

수선화

[Narcissus]

대륙에서 일본으로 전해진
청초하고 풍부한 향기를 지닌 식물

대다수의 수선화는 지중해 연안 지역이 원산지이며, 학명인 나르키수스Narcissus는 그리스 신화에 등장하는 미소년의 이름에서 유래되었다. 오래전부터 품종 개량이 이루어져 현재 등록된 것만 해도 10,000종 이상이다. 일본에서 자생하는 겹첩수선화는 지중해 연안에서 중국으로 전해진 것이라는 설이 있다. 매우 튼튼하여 수경 재배에도 적합하다.

침실에 꽂은 은백양과 수선화 '페이퍼 화이트'. 아마릴리스의 구근도 싹이 트기 시작했다.

9월 하순에 앤티크 도기에 수경 재배를 시작한 노란색 꽃 수선화. 11월 중순에 싹이 자라기 시작할 무렵 실내에 들여놓은 후 약 2개월 반 만에 꽃이 피었다.

청초하고 하얀 작은 꽃이
마음을 사로잡다

설강화
[Galanthus elwesii]

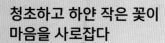

자그마한 유리 속의 이른 봄
낙엽수림 풍경을 담아

일본에서는 ' 마쓰유키소待雪草, 대설초'라고도 부르는 설강화.
영명인 '스노우드롭'이라는 이름처럼 아직 잔설이 남아 있
는 겨울부터 이른 봄에 물방울을 연상시키는 가련한 꽃이
달린다. 유럽에서는 아담과 이브의 신화에 등장하며 '눈에
흰색을 부여했다'는 전설이 있다.

수경 재배는 다소 어려운 편이지만, 온도 관리와 물주기 요
령을 파악하여 실내에서 키우면 꽃이 피는 모습을 즐길 수
있다. 여기에서는 작은 유리 돔 안에 자그마한 자연의 풍경
을 만들어 구근을 심었다.

수경 재배할 때는 자연에 가까운 환경
을 만드는 것이 포인트. 사진 속의 설강
화는 11월에 심었다. 지름 약 16㎝의 유
리 돔 안에 뿌리썩음 방지제를 넣고, 구
근의 위쪽 끝부분이 나올 정도의 높이까
지 일향토를 넣었다. 마무리로 털깃털이
끼로 덮어 흙을 가려준 다음 실외에 놓
아두고 싹이 나올 때까지 볕이 들지 않
는 장소에서 관리한다. 1월 하순까지 충
분히 추위를 겪게 한 후, 싹이 나오기 시
작하면 실내에 들여놓는다.

일향토와 털깃털이끼를 넣은 양철 소재의 작은 용기에 키운 크로커스. 1월 중순에 싹이 나오기 시작한 구근을 심었는데 3월 중순에 꽃이 피기 시작했다. 크로커스는 개화 시기에 따라 가을 개화종, 초봄 개화종, 봄 개화종으로 분류되는데, 사진은 봄 개화종이다. 매우 튼튼하고 곰팡이 번식이 적어 수경 재배 초보자도 키우기 쉽다.

봄살이식물Spring ephemeral의 매력

크로커스
[Crocus]

계절의 소식을 전해주는
가련한 봄의 전령사

유럽에서는 '행복의 전령사'라고 부르는 크로커스는 지중해 연안에서 서아시아에 걸쳐 약 80종류가 분포하고 있다. 아직 꽃이 적은 이른 봄에 피는 하얀 꽃은 봉긋하게 부풀어 오르는 사랑스러운 모습이 매력적이다. 실내에서 수경 재배할 경우에는 싹이 나올 때까지는 기온이 낮은 장소에 놓아둔다. 햇빛을 받으면 꽃이 피므로 꽃눈이 올라오면 햇빛이 잘 드는 창가에 놓는다.

키우는 재미에 매료되는
대륜 꽃

아마릴리스
[Hippeastrum]

화려하고 키우기 쉬운 꽃

남미의 아열대 지방이 원산지이다. 따뜻한 지역에서는 일
년 내내 생육이 가능하나, 일본에서는 봄에 꽃을 즐기고
겨울에는 구근을 휴면시킨다. 최근에는 네덜란드에서의
수입이 증가하면서 내한성이 있는 품종도 많이 유통되고
있다. 수경 재배는 물론이고 조건만 갖춰지면 물 없이도
꽃이 핀다.

아마릴리스 '마라케시'는 구근째 행
잉 바구니에 넣어, 물을 주지 않고 구
근의 양분만으로 꽃을 피웠다.

왼쪽부터: 빨간 꽃눈이 자란 아
마릴리스 '발렌티노', 흰색의 아
마릴리스 '리모나'. 싹이 나오지
않은 작은 구근은 유코미스, 주
황색 대륜은 모두 아마릴리스
'릴로나'. 키가 작은 흰색 꽃은
아마릴리스 '리모나'.

유리잔이나 용기를 사용할 경우에는 구
근과 용기의 입구 크기를 맞추어야 한다.
구근은 성장하면서 내부의 영양분을 소
모하므로 서서히 수축된다. 용기 입구에
직접 구근을 놓을 경우에는 용기의 입구
가 구근보다 조금 작은 것을 선택한다.

수경 재배로 구근식물을 키워보자!

수경 재배는 구근과 용기, 물이 있으면 시작할 수 있습니다.
간단한 재배 방법을 익혀서 아름다운 구근식물의 꽃을 피워보세요.

step 01 　물만 사용해 키울 수 있는 구근

ⓐ 재배할 용기 준비하기

손쉽고 간단한 수경 재배
좋아하는 용기를 사용해 시작해보자!

구근식물의 수경 재배에는 물 높이나 뿌리의 상태를 관찰할 수 있는 투명한 용기가 적합하다. 수경 재배 전용 용기에는 구근이 물속으로 빠지지 않도록 용기가 잘록하게 생겼거나, 구근을 올려놓는 받침대가 달린 것도 있어서 사용하기 편리한 것이 특징이다. 전용 용기가 아니더라도 화기나 유리잔, 보관용 병 등 생활 용품으로 대체하여 사용하는 것도 좋다. 구근과 용기가 균형이 맞는지 가늠해 보기도 하고, 인테리어와의 조화를 생각해보는 것도 즐겁다.

ⓑ 물만 사용해 키우는 방법을 배워보자

위: 왼쪽에서 두 번째는 경석을 사용한 무스카리. 그 외에는 모두 히아신스인데, 같은 종류라도 개체에 따라 성장 속도가 다르다. **아래:** 2월 말에 개화한 히아신스 '카네기'(왼쪽)와 무스카리 '빅 스마일'(오른쪽).

기온이 높은 시기에는 시원한 장소에 두고, 적당한 시기가 되면 재배 시작!

8~9월이 되면 원예 전문점에서 가을에 심는 구근을 판매하기 시작한다. 구근을 구입하면 당장이라도 재배를 시작하고 싶지만, 각각의 구근에 적합한 식재 시기가 될 때까지는 볕이 들지 않고 통풍이 잘되는 실외에 놓아둔다. 종류에 따라 다소 시기는 다르지만 10월 중순 이후 기온이 내려가기 시작하면 드디어 수경 재배를 시작한다. 가을에 심은 구근이 개화하려면 적어도 3개월 동안은 저온을 경험해야 한다.

Pattern 01 　기본 방법

[재료]

구근을 올려놓을 용기

시중에서 판매하는 수경 재배용 용기.
여기에서는 구근을 올려놓는 받침대가
분리되는 것을 사용했다.

히아신스 구근

히아신스의 경우는 11월에 재배 용기에
놓는다. 그때까지는 볕이 들지 않고 통
풍이 잘되는 실외에 놓아둔다.

[재배 용기에 놓는 방법]

물을 넣는다

구근의 밑면이 살짝 잠길 정도의 높이까지 물을 넣는다. 물속에
는 따로 비료를 넣지 않아도 된다.

이것이 비법!

뿌리가 자라기 시작하면 물 높이를 2~3㎝ 낮춰서, 구근의 밑면에
공기가 통하도록 한다.

[주의해야 할 것]

물이 지나치게 많은 것

물에 구근이 너무 많이 잠기면 구근이 썩어버리므로 주의한다.
물이 부패하는 원인이 되기도 한다.

3

성장하여 꽃이 피었다!

재배 용기에 구근을 놓은 후 추운
장소에서 관리한다. 2~3개월 후
에 따뜻한 장소로 옮기면 꽃눈이
자라 예쁜 꽃이 핀다.

Pattern 02 응용 방법

[재료]

구근을 재배할 용기

높이 약 30㎝, 입구 지름 10㎝, 앤티크 유리 용기를 사용했다.

히아신스 구근

10월에 구입하여 1개월 동안 추운 곳에 놓아둔 구근. 수경 재배에는 구근의 둘레가 15㎝ 이상인 것이 적합하다. 구근을 뒤집어서 뿌리가 나오는 부분이 동그란 원형인 것을 고른다.

잔가지와 마끈

가지가 갈라진 것을 고른다. 가지치기한 가지를 사용하면 좋다. 없을 경우에는 나무젓가락으로 대체할 수 있다.

[재배 용기에 놓는 방법]

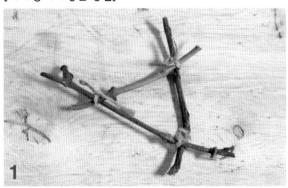

1 받침대를 만든다

입구 지름에 맞춰 가지를 자르고, 구근보다 약간 좁은 크기의 삼각형을 만들어서 끈으로 묶어 고정한다.

2 구근을 올려놓는다

용기 입구에 받침대와 구근을 올려놓고, 구근의 밑면이 살짝 닿을 정도의 높이까지 물을 넣는다.

이 상태로 실외의 추운 곳에 놓아둔다. 실외가 좋으나, 난방을 하지 않고 볕이 들지 않는 현관이나 실내도 괜찮다.

약간의 아이디어를 더해 독창적인 용기에 키워보자

구근보다 입구 지름이 넓은 용기를 사용할 경우에는 나무나 철사 등을 이용하여 물속으로 구근이 빠지지 않게 하는 방법을 생각한다. 여기에서는 잔가지를 엮어 받침대를 만들어서 히아신스 구근을 올려놓았다. 샐러드 볼처럼 입구 지름이 넓은 용기에 격자 모양으로 엮은 잔가지를 얹고 무스카리나 크로커스 등의 작은 구근을 여러 개 같이 올려놓아도 좋다.

포인트는 뿌리가 나올 때까지는 수면 높이를 구근의 밑면이 살짝 잠길 정도로 유지하는 것이다. 뿌리가 자랄 때가 썩기 쉬운 시기이므로 적절한 물 높이를 유지해주도록 한다.

[성장 과정]

뿌리가 자라고, 꽃눈이 얼굴을 내민다

뿌리가 나와도 잎이 자라지 않는다면 12월 하순까지는 실외에 놓아두고 추위를 겪게 한다.

잎이 커지고, 꽃눈도 자란다

왼쪽 사진1에서 4주 후의 상태. 실내의 따뜻한 장소로 옮기면 꽃눈이 빠른 속도로 성장한다.

꽃이 피었다!

2의 상태에서 2주 후에 개화. 줄기와 꽃눈이 자라면서 윗부분이 무거워져 균형이 잘 잡히지 않으므로, 물을 갈아줄 때 쓰러지지 않도록 받침대의 삼각형 크기를 조절해준다.

뿌리의 성장을 촉진하기 위해 필요한 작업과 주의해야 할 점

물을 넣은 용기에 구근을 올려놓은 후, 처마 밑이나 현관 등 볕이 들지 않고 물이 얼지 않는 정도의 실외에 놓아 충분히 추위를 겪게 한다. 뿌리가 나올 때까지는 용기 안의 물이 부패하지 않도록 1주일에 한 번은 물을 갈아주도록 한다.

또한 흙 속에 있는 것과 비슷한 상태를 만들어 뿌리내림을 촉진하기 위해 골판지 등으로 덮어 어둡게 해주는 것도 좋다. 뿌리가 자라기 시작하면 구근의 본체가 물에 닿지 않는 정도로 물 높이를 낮추고, 싹이 나오기 시작하면 따뜻한 실내에 들여놓는다.

ⓐ 어떤 재료가 필요할까?

물 + 잔돌로 키우는 수경 재배
뿌리내림을 돕고 세균 번식을 막는다

구근을 수경 재배할 때는 용기 안의 물이 부패하지 않도록 관리하는 것이 가장 중요하다. 잔돌은 작은 돌을 말한다. 자갈이나 모래를 사용하는 이유는 세균이 번식할 때 필요한 영양분이 적기 때문에 물이 쉽게 부패하지 않기 때문이

다. 또 흙에서 키울 때와 마찬가지로 뿌리를 단단히 내릴 수 있다는 장점도 있다. 수경 재배에서는 아래에 소개된 소재 중에 어떤 것을 선택해도 구근의 생육에는 큰 차이가 없으므로 좋아하는 색이나 모양을 선택하면 된다.

[하이드로볼]

[뿌리썩음 방지제]

굵은 입자

점토를 입자 형태로 만들어 고온에서 구운 것. 다공질이며 보수성과 배수성이 좋고, 무균 상태이므로 수경 재배에 가장 적합하다. 하이드로컬처 hydroculture*에도 사용한다.

*흙을 사용하지 않고 각종 양분을 녹인 물속에서 식물을 배양하는 방법

작은 입자

작은 입자는 작은 구근식물에 적합하다. 하이드로볼 자체는 무균 상태이지만, 사용하는 동안 잡균이 번식하기도 한다. 따라서 구근을 심을 때는 굵은 입자, 작은 입자 모두 뿌리썩음 방지제를 함께 사용하면 좋다.

물이 부패하는 원인이 되는 유해 물질을 흡착함으로써 물이 활성화되어 뿌리썩음 현상을 방지한다. 천연 점토인 규산염백토나 광물인 제올라이트가 있다.

[자갈]

[경석]

자갈은 색이나 크기 등 종류가 다양하므로 용기나 놓을 장소에 맞춰 고를 수 있는 것이 장점이다. 단, 질량이 무겁기 때문에 큰 용기에 사용할 때는 주의해야 한다. 보수성이 없으므로 물이 마르지 않도록 주의한다.

굵은 입자

일반적으로 굵은 입자의 경석은 화분용 바닥돌로 유통되고 있다. 물 빠짐을 좋게 하기 위해 사용한다.

작은 입자

자갈보다 가볍고 다공질이므로 배수성과 보수성을 함께 갖추고 있다. 천연 소재와 인공 소재가 있으며, 산지에 따라 흰색, 노란색, 회색 등 색상도 다르다.

일본 미야자키현 남부의 기리시마 화산대에서 채취하는 경석의 일종. 다공질에 무균, 비료 성분도 거의 함유하고 있지 않으므로 수경 재배에 적합하다. 일반적으로 물 빠짐을 좋게 하기 위해 흙에 섞어서 사용한다.

[규사]

유리를 만드는 원료가 되는 모래. 입자가 균일하며, 입자 크기에 따라 번호가 매겨져 있다. 건축 재료로 판매되고 있으며, 미장 작업에서는 시멘트와 혼합하여 사용한다.

[이끼류]

털깃털이끼

폭신폭신한 이끼. 흙은 붙어있지 않다. 수분이 있으면 초록빛을 비교적 오래 유지한다. 구근 화분에는 흙의 윗부분을 덮어서 꾸며주는 용도로 사용한다.

가는흰털이끼

흙이 붙어있다. 일조량이 많으면 연갈색으로 변해버린다. 반그늘이나 그늘에 놓고 적절한 습도를 유지해주면 실내에서도 예쁜 초록빛을 유지한다.

ⓑ 다양한 용기를 사용해 키워보자

보기에만 좋은 것이 아니다!
잔돌을 사용하는 수경 재배의 장점

도기나 알루미늄처럼 물의 양을 확인하기 어려운 용기로 수경 재배를 할 경우에는 잔돌을 사용하는 것이 좋다. 기본적으로 식물의 뿌리는 항상 물에 잠긴 상태가 아닌 물이 부족한 상태에 놓임으로써 생장이 촉진된다. 보수력이 높은 경석이나 하이드로볼을 사용하면 구근의 뿌리가 계속 물에 직접 닿아 있지 않아도 된다. 그러므로 적절히 건조한 상태가 되기도 하면서 물만 사용해 재배하는 것보다 뿌리의 생장을 촉진할 수 있다. 또한 용기 내부의 수분이 줄었을 때 물을 주면 물이 새로 채워지므로 물도 구근도 쉽게 부패하지 않는 장점이 있다. 물을 갈아줄 필요가 거의 없다.

ⓒ 각각의 재료를 조합해 실내에서 즐기자!

Pattern 01   경석+뿌리썩음 방지제+털깃털이끼

다양한 스타일링으로
싹이 트기 전의 기간도 즐긴다

수경 재배는 싹이 나올 때까지는 아무것도 없는 상태이므로 장식용으로 털깃털이끼를 넣어서 키우는 것도 좋다. 이끼 위에 직접 구근을 놓으면 구근이 썩을 우려가 있으므로, 알루미늄 소재의 와이어로 받침대를 만들어 그 위에 구근을 올려놓았다.

이끼 때문에 물이 부패하지 않도록 2~3일에 한 번은 물을 갈아주도록 한다. 물의 양은 뿌리가 나오기 전까지는 구근의 밑면이 살짝 잠길 정도로 넣고, 뿌리가 나오면 이끼가 촉촉이 젖을 정도의 높이까지 물을 줄여주도록 한다.

[재료]

구근을 재배할 용기
입구가 넓은 용기를 사용한다. 털깃털이끼의 상태와 자갈층이 보이게 하기 위해 높은 유리 용기를 선택했다.

히아신스 구근
34쪽과 마찬가지로 10월에 구입하여 1개월 동안 추위를 겪게 한 히아신스의 구근. 수경 재배용으로 구근 둘레가 15㎝ 이상의 구근을 사용한다.

와이어
분재에 사용하는 알루미늄 소재의 와이어. 부드럽고 다루기 쉽다. 색상은 검은색이나 은색도 있다.

경석(작은 입자)
작은 입자의 경석을 사용하여 초록빛 털깃털이끼와 대비를 이루게 한다.

뿌리썩음 방지제
용기 바닥을 살짝 덮을 정도의 양을 사용한다.

털깃털이끼
매트 형태로 되어 있으므로 필요한 양 만큼 손으로 떼어내 사용한다.

[재배 용기에 놓는 방법]

뿌리가 자라고, 꽃눈이 얼굴을 내민다

뿌리썩음 방지제를 넣은 다음 자갈을 용기의 1/2 정도까지 넣고, 와이어를 넣은 후에 털깃털이끼를 더해준다.

● 다른 스타일링도 가능하다

와이어만 사용하는 경우

입구 지름이 큰 용기의 경우 와이어를 사용하면 수선화처럼 작은 구근이라도 손쉽게 올려놓을 수 있다.

[성장 과정]

뿌리가 자라고, 싹이 나왔다

뿌리가 나오기 시작하면 뿌리의 성장에 맞춰 물 높이를 낮춰주면 털깃털이끼를 좋은 상태로 유지할 수 있다.

꽃이 피었다!

1에서 약 1개월 후에 개화. 뿌리가 털깃털이끼와 경석에 휘감겨 안정적인 상태를 유지한다. 이 방법은 곰팡이가 잘 생기지 않는 수선화나 크로커스에도 적합하다.

[주의해야 할 점]

마르지 않도록 주의한다

물을 3~4일에 한 번 갈아주어 이끼가 썩는 것을 방지해야 한다. 관리하기 편한 것에 중점을 둘 경우에는 이끼를 사용하지 말고, 통기성과 배수성을 갖춘 환경을 만들기 위해 경석만 사용한다.

Pattern 02　경석+뿌리썩음 방지제+가는흰털이끼

[재료]

구근을 심을 용기

지름 30cm 알루미늄 소재의 용기. 이끼를 둥근 형태로 봉긋하게 배치하기 위해 얕은 용기를 선택했다.

뿌리썩음 방지제

용기 바닥의 1/3 정도가 가려지도록 뿌리썩음 방지제를 넣는다.

크로커스 구근

10월에 구입하여 난방을 하지 않은 장소에서 1개월 반 정도 놓아둔 것.

경석

용기의 1/2 정도 높이로 봉긋하게 담길 정도의 양을 사용한다. 이 용기에는 3~4cm 정도의 두께로 넣었다.

가는흰털이끼

겨울철에 유통되는 이끼. 원예 전문점에서 구입할 수 있다. 비닐 팩 등에 넣어서 판매한다.

가는흰털이끼가 건조해지기 쉬우므로 물은 이끼 표면에 충분히 준다. 이끼를 깨끗한 상태로 유지하기 위해 용기에 고인 물은 버리는 것이 좋다.

[심는 방법]

경석을 넣는다

뿌리썩음 방지제를 넣고, 그 위에 경석을 깐 다음 구근을 배치한다. 심는 시기는 12월 무렵이 적합하다.

구근을 배치한다

구근을 배치한 다음 그 위에 구근이 묻힐 정도로 경석을 뿌려준다.

가는흰털이끼를 얹는다

가는흰털이끼는 건조해지는 것을 방지하기 위해 가능한 밀착시켜서 배치한다.

싹이 나오기를 기다린다!

꽃눈이 나올 때까지 볕이 들지 않는 장소에 놓아둔다. 꽃눈이 올라오기 시작하면 햇빛이 잘 드는 장소로 옮긴다.

[성장 과정]

성장하여 꽃이 피었다!

4의 상태에서 2개월 반~3개월 정도에 개화한다.

Pattern 03   일향토+뿌리썩음 방지제

[재료]

도기 용기
지름 약 20㎝, 깊이 15㎝ 정도의 앤티크 그릇을
사용했다.

겹첩수선화 구근
구근은 10월에 구입한 것. 싹이 빨리 나오므로 구
입 후 바로 심는 것이 좋다. 사진은 싹이 조금 자라
버린 상태.

일향토
아이보리색 용기의 색상에 맞춰 조화를 이루도록
일향토를 사용했다.

뿌리썩음 방지제
용기의 바닥이 보이지 않을 정도의 양을 사용한다.

[심는 방법]

구근을 심은 상태
싹이 위쪽을 향하게 심는다. 심은 후에 용기 용량의 1/4 정도의 물을 뿌려준다.

잔돌을 사용할 경우에는 뿌리가
자랄 것을 고려하여 구근을 얕
게 심으면 좋다. 겹첩수선화는
추위를 겪지 않아도 꽃눈이 올라
와서 심은 후 바로 실내에 놓고
키울 수 있다. 이후 1개월 반 정
도면 꽃이 핀다.

Pattern 04　자갈+뿌리썩음 방지제

[재료]

유리 용기
높이 25cm×입구 지름 18cm의 심플한 용기.

수선화 구근
큰컵형 수선화 '마운트 후드'. 꽃이 피면서 덧꽃부리(가운데 부분)의 색이 차츰 변한다.

벨레발리아 파라독사 구근
예전에는 '무스카리 파라독사'라고 불렸으나, 최근에는 벨레발리아속으로 분류한다.

자갈(굵은 입자)
둥근 강자갈을 사용한다. 천연 자갈이므로 색이 제각각 다르다.

뿌리썩음 방지제

[심는 방법]

자갈을 넣고, 구근을 놓는다
뿌리썩음 방지제와 자갈을 깔아주는데, 용기의 1/4 정도 높이까지 자갈을 넣는다. 구근은 자갈 위에 놓는다. 12월 하순에 심어 1개월 반이 지난 상태.

[성장 과정]

꽃이 피었다!
무스카리는 다소 웃자라기는 했지만 꽃눈은 튼실하게 올라왔다.

무스카리도 성장했다
무스카리의 꽃은 지기 시작했지만, 수선화는 개화 후 1주일 이상 예쁘게 계속 피어있다.

성장 과정을 관찰하고 꽃이 진 후에 해야 하는 작업

꽃이 진 구근은 싱그러운 잎이 자라며 계속 성장합니다.
수경 재배한 구근의 꽃이 진 후에 해야 하는 작업과 휴면기를 맞이하기 위한 작업을 소개합니다.

ⓐ 꽃이 진 후에 해야 하는 작업은?

다음 해에 꽃을 피우기 위해
구근에 필요한 양분 보충과 휴면

수경 재배하는 구근은 꽃을 피우기 위해 내부의 양분을 소모해버리므로 '한 해만 키우는 소모성 식물'로 생각하는 것이 일반적이다. 만약 이듬해에도 꽃을 즐기고 싶다면 흙에 옮겨 심어 구근을 살찌워야 한다. 잎이 누렇게 변하면 구근을 캐내어 볕이 들지 않고 통풍이 잘되는 장소에서 보관한다. 가을에 다시 흙에 심으면 첫해보다 다소 작아도 꽃을 즐길 수 있다.

Pattern 01

히아신스의 경우

꽃줄기를 자른다
꽃이 시들면 꽃줄기의 밑동을 자른다.

화분에 옮겨 심는다
시중에서 판매하는 배양토를 화분에 넣고, 일반적인 화분 심기와 마찬가지로 뿌리를 펴서 배양토 위에 놓는다.

위쪽에 흙을 넣는다
구근이 흙 속에 묻힐 정도의 높이에 배치하고, 다시 배양토를 넣어준다.

이 상태로 관리한다
바로 물을 주고, 햇빛이 잘 드는 실외로 옮겨놓는다. 10일~2주에 1회 액체 비료를 준다.

물주기를 멈춘다
5~6월 무렵 잎이 누렇게 변하기 시작하면 물을 주지 말고 휴면시킨다.

6 잎이 시들면 캐내어 휴면
구근을 캐내어 통풍이 잘되는 장소에 보관하고, 10~11월 무렵에 다시 화분에 심고 물을 주어 휴면을 타파시킨다. 수선화, 무스카리, 히아신스의 경우는 캐내지 말고 화분에 심은 채로 보관한다. 잎이 누렇게 변하면 비를 맞지 않게 처마 밑에 놓고, 물을 주지 말고 휴면시킨다. 가을에 물을 주기 시작하면 다시 생장을 시작한다.

Pattern 02

크로커스의 경우

[꽃이 진 상태]

꽃이 지고 있다

개화하여 약 2주가 지난 상태.

[꽃이 진 후의 옮겨심기 작업하기]

가는흰털이끼를 제거하고, 시든 꽃을 잘라낸다

가는흰털이끼를 제거고, 개화가 끝난 시든 꽃을 잘라낸다

구근을 뽑는다

뿌리가 잘리지 않도록 구근을 천천히 뽑아내어 한 포기씩 작은 화분에 옮겨 심는다.

구근을 화분에 넣는다

1/2 정도의 높이까지 배양토를 넣은 화분에 구근을 놓는다.

흙으로 덮는다

구근이 보이지 않는 정도까지 다시 배양토를 넣어준다.

이 상태로 관리한다

옮겨 심은 후 바로 물을 주고, 햇빛이 잘 드는 실외에 놓아두고 잎이 자라게 한다.

Pattern 03 다양한 품종의 구근을 조합해 즐기기

개화 시기가 다른 구근을 함께 심어
겨울부터 봄까지 마음껏 즐긴다

큰 용기를 사용해 다양한 종류의 구근식물을 조합하여 심거나, 작은 관엽 식물과 함께 심어 오랫동안 즐길 수 있는 화분을 만들어보자. 종류가 다른 식물을 조합하여 심을 경우에는 특성이나 크기가 비슷한 것을 고르는 것이 중요하다. 예를 들어 추위를 겪어야 하는 히아신스와 피토니아나 헤미그라피스처럼 추위에 약한 관엽 식물을 함께 심으면 추위에 노출되는 동안에 관엽 식물은 시들어버린다. 또한 잎이 크고 무성한 대형 수선화와 꽃이 작은 크로커스를 함께 심으면 수선화가 크로커스의 생육을 방해하게 된다.
히아신스와 무스카리, 크로커스와 무스카리, 수선화와 히아신스 등의 조합을 추천한다. 같은 종류로 품종이 다른 것을 조합해도 좋다.

왼쪽부터 분홍색의 히아신스, 뒤
쪽의 보라색 꽃은 히아신스 '피터
스투이베산트', 자갈에 심은 히아
신스 '아나스타시아'. 가운데는 무
스카리 '빅 스마일'과 관엽 식물인
피쿠스 푸밀라의 조합. 피쿠스 푸
밀라 대신 아스파라거스나 아이
비 등을 사용해도 좋다. 흰색 꽃의
히아신스 '카네기'. 뒤쪽은 수선화
'페이퍼 화이트', 오른쪽 가장자리
는 무스카리 '빅 스마일'.

Combine 01

히아신스와 무스카리

[재료]

히아신스 구근

무스카리 구근

구근을 심을 유리 용기

자갈(굵은 입자)

뿌리썩음 방지제

Combine 02

무스카리와 여러해살이 식물

[재료]

무스카리 구근

구근을 심을 유리 용기

피쿠스 푸밀라의 모종
(여러해살이 식물)

경석(굵은 입자)

뿌리썩음 방지제

[심는 방법]

자갈을 깔고, 구근을 배치한다

히아신스와 무스카리의 용기. 바닥면 전체에 뿌리썩음 방지제를 얇게 깔고, 용기의 1/3 높이까지 자갈을 넣는다. 약 2개월 동안 추위를 겪은 히아신스와 무스카리의 구근을 배치한다.

위쪽에 자갈을 넣는다

구근의 싹 부분이 나올 정도의 높이까지 자갈을 넣고 물을 준다.

위쪽에 자갈을 넣는다

무스카리와 피쿠스 푸밀라의 용기. 용기의 바닥면 전체에 뿌리썩음 방지제를 넣고, 그 위에 경석을 얇게 깐다. 가운데에 피쿠스 푸밀라를 놓고, 모종의 높이에 맞춰 경석을 넣어준다.

여러해살이 식물을 심는다

피쿠스 푸밀라의 모종과 모종 사이, 모종과 용기의 가장자리 사이에 동일한 간격이 되도록 균형을 맞춰 구근을 놓는다. 구근의 싹 부분이 나올 정도의 높이까지 경석을 넣어준다.

[성장 과정]

완성

히아신스의 밑면에 맞춰 물을 넣는다. 푸밀라의 뿌리와 히아신스 구근의 밑면이 물에 닿을 정도의 높이까지 넣으면 된다.

히아신스 꽃이 피었다

히아신스와 무스카리를 심고 1개월 반 후에 히아신스가 개화했다. 이 상태로 약 10일 동안 꽃을 즐길 수 있다.

무스카리의 싹이 보인다

꽃이 핀 히아신스의 밑동 주변에는 무스카리의 싹이 자라기 시작한다. 뿌리는 이미 용기 바닥에 닿을 정도로 자랐다.

히아신스가 지고, 무스카리가 성장한다

히아신스의 꽃이 진 후 꽃줄기를 자른 상태. 무스카리의 싹은 5㎝ 정도 자랐다.

무스카리의 꽃눈이 생긴다

히아신스가 개화하고 4주 후. 무스카리의 꽃눈이 커졌다.

무스카리 꽃이 피었다!

히아신스의 잎이 누렇게 변하기 시작할 즈음 무스카리의 잎이 7~8㎝ 정도까지 자랐고, 꽃눈이 올라오기 시작한다.

피쿠스 푸밀라가 한층 더 자랐다

무스카리와 푸밀라를 심은 용기. 피쿠스 푸밀라가 한층 더 자라 잎이 풍성해졌다. 무스카리의 싹이 나오기 시작한다.

무스카리 꽃이 피었다

무스카리의 꽃은 2~3주 동안 즐길 수 있다.

[꽃이 진 후의 작업하기]

무스카리가 만개했다

무스카리의 꽃이 피었다. 히아신스의 잎이 누렇게 변하기 시작한 것은 잘라내어 정리해주면 깔끔해 보인다.

무스카리 꽃이 진다

무스카리가 개화하고 1개월 후, 꽃이 지고 다소 보기 흉해졌다.

무스카리를 뽑아낸다

구근을 옮겨 심어 다음 해를 위해 구근을 살찌운다. 피쿠스 푸밀라를 고정시킨 상태에서 무스카리를 천천히 흔들어 뽑는다.

흙을 넣은 화분에 배치한다

뽑아낸 구근을 미리 경석과 1/2 위치까지 배양토를 넣은 화분에 간격을 두고 배치한다.

[심는 방법]

위쪽을 흙으로 덮어준다

구근이 보이지 않을 정도로 배양토를 더 넣어준다.

꽃줄기를 잘라낸다

구근을 심은 후 꽃줄기의 밑동을 자른다.

이 상태로 관리한다

작업이 끝난 후 바로 물을 주고, 햇빛이 잘 드는 실외로 옮겨놓는다.

남은 여러해살이 식물을 키운다

남은 피쿠스 푸밀라는 그대로 실내에서 관엽 식물로 즐기거나 다른 화분에 옮겨 심어도 된다.

구근식물을 절화처럼 장식해 즐기기

실외에서 키운 구근식물의 꽃을 집 안에서 여유롭게 바라보며 즐기고 싶을 때,
구근을 뿌리째 뽑아서 절화처럼 꽂아보세요.

ⓐ 화병에 꽂아 세련되고 스타일리시하게!

좋아하는 화병에 꽂아
가장 아름다운 시기를 만끽한다

밖에서 키운 구근식물의 꽃을 생활 공간에 장식하고 싶
을 때는 뿌리를 자르지 말고 뿌리째 뽑아 물에 씻는다.
그대로 화병이나 식기에 꽂아주면 꽃과 함께 귀여운 구
근의 모습을 즐길 수 있다. 가을부터 봄까지는 꽃이 오래
유지되기 때문에 절화보다 오랫동안 감상할 수 있다.
1월 무렵부터 원예 전문점에서 구입할 수 있는 꽃눈이 달
린 구근 화분이나 정원에 핀 구근식물도 화병에 꽂아주
면 색다른 분위기를 즐길 수 있다. 이 방법이라면 누구나
아름다운 꽃을 즐길 수 있고, 세련되고 멋진 꽃장식도 부
담 없이 도전해볼 수 있다. 손님이 방문하거나 파티 등의
특별한 날에 장식해보자.

튤립이 주인공
[Tulip]

동글동글한 구근이 사랑스러운
뿌리가 달린 구근 꽃 장식

튤립 수경 재배는 수선화나 히아신스에 비해 온도 관리가 까다롭다. 실내에서 감상하려면 꽃눈이 달린 화분용 구근의 뿌리를 씻어서 사용하는 것이 좋다. 단 뿌리를 씻어서 사용할 경우에는 꽃눈이 충분히 올라온 것을 사용한다. 꽃눈이 달리지 않은 것을 뽑으면 뿌리가 손상되어 꽃눈이 자라지 않아서 꽃을 피우지 못한다. 최근에는 2~3월이 되면 구근이 달린 절화를 파는 생화 전문점도 있으니 그것을 사용해도 좋다. 실내 온도에 따라 꽃의 수명은 다르지만 뿌리가 달려 있으면 2주 정도 즐길 수 있다.

꽃눈이 달린 화분용 구근을 구입해 뿌리를 씻어 흙을 제거한 후 깊은 앤티크 용기에 꽂아 장식했다. 진분홍색의 튤립 '크리스마스 드림'과 연한 색상의 겹꽃 튤립 '앤절리크'.

자그마한 프랑스산 앤티크 가방에는 약을 먹을 때 사용하는 작은 유리잔이 들어 있다. 유리잔에 물을 넣고, 소형 원종계 튤립 '릴리퍼트'를 꽂아 현관문에 장식해놓았다. 튤립은 온도를 감지하여 꽃잎이 벌어지고 오므라지므로, 햇살이 비치고 실내 온도가 올라가면 일제히 꽃이 핀다. '릴리퍼트'는 구근이 달린 절화로 생화 전문점에서도 구입할 수 있는 품종이다.

왼쪽부터 튤립 2종류, 은방울수선화와
겹첩수선화. 모두 뿌리 씻기 처리(60쪽
참조)를 한 것.

style 02

히아신스의 고운 자태

[Hyacinthus]

흰색 도기에 꽂은 세련된 색감의 조합. 연보라색의 튤립 '그레이'와 가운데에는 파란색 꽃 품종의 히아신스 '델프트 블루'. 파란색 꽃봉오리의 '다크 오션', 적자색의 '우드스톡', 검은색 꽃 품종의 라넌큘러스 '모로코 이드리스'. 튤립은 구근이 달린 절화, 히아신스는 꽃눈이 올라온 화분용 구근을 씻은 것. 라넌큘러스는 절화를 사용했다. 겨울이기에 즐길 수 있는 조합을 만끽한다.

꽃눈이 달린 모종으로 즐기는 히아신스 꽃 장식

1월이 되면 대형마트나 원예 전문점 앞에는 싹이 나온 히아신스의 구근 모종이 많이 나온다. 구근 모종은 구근을 비닐 포트에 키워서 싹을 틔운 상태로 출하한다. 이 상태의 히아신스는 이미 적정 온도에서 키워 충분히 꽃눈이 형성되어 있다. 그래서 따로 온도 관리를 해줄 필요가 없다. 실내의 따뜻한 창가에 놓아두면 바로 성장을 시작한다. 뿌리 씻기(60쪽 참조)를 하다가 다소 뿌리가 잘려도 개화에는 큰 영향을 미치지 않는다.

라넌큘러스와 사랑에 빠지다
[Ranunculus]

**때로는 소녀처럼, 때로는 화려하게
공간을 아름답게 장식하는 매혹적인 꽃**

라넌큘러스는 소박한 홑꽃 품종부터 오묘한 빛깔의 꽃이
피는 품종, 수백 장의 꽃잎을 이루는 호화로운 대륜 품종
까지 다양한 품종이 있다. 다른 구근식물에 비해 구근이
작기 때문에 수경 재배나 모종의 뿌리를 씻어서 사용하기
에는 적합하지 않다. 절화나 화분으로 튤립이나 히아신스
처럼 가을부터 초봄에 걸쳐 유통되므로, 실내에서는 절화
를 꽂아놓거나 꽃 화분을 그대로 놓고 감상하도록 한다.
특히 절화는 품종이 다양하다. 콘셉트에 맞는 꽃을 고르는
즐거움이 있다.

앤티크 목마와 나폴레옹 시대의 의자에 맞춘
호화로운 연출. 프랑스에서 '봄을 알리는 꽃'
으로 불리는 라일락과 함께 연분홍색의 라넌
큘러스 '페랑'과 진보라색의 '에피날', 튤립
'퍼플 플래그'의 조합.

ⓑ 구근 모종의 뿌리를 씻어 장식한다

[뿌리 씻는 방법]

히아신스의 구근 모종을 준비한다

1월 무렵부터 원예 전문점 등에서 구입할 수 있는 히아신스의 구근 모종. 수경재배용보다 구근은 다소 작다.

포트에서 모종을 꺼낸다

포트에서 모종을 빼낸다. 뿌리가 손상되지 않도록 과도하게 뿌리를 펴지 않는다.

흐르는 물에 뿌리를 씻는다

2의 상태 그대로 흐르는 물에 뿌리에 붙은 야자 껍데기나 피트모스를 씻어낸다.

양동이에 물을 담아 뿌리에 붙은 흙을 제거한다

어느 정도 흙을 제거한 후 물이 담긴 양동이에 뿌리 부분을 넣고 흔들어서 뿌리에 붙은 흙을 제거한다.

[뿌리 씻기 완료!]

깨끗이 흙이 제거된 상태

다소 뿌리가 잘려도 크게 신경 쓰지 않아도 된다. 뿌리가 마르기 전에 물에 담가 꽂아준다.

'작약형'이라고 부르는 겹꽃 품종인 튤립 '폭시 폭스트롯'의 뿌리를 씻어 심플한 유리 용기에 꽂았다. 1960년대의 베르토이아Bertoia 의자와 경쾌한 분위기의 잎을 아름다운 에버프레시와 함께 배치했다. 상록성 관엽 식물은 계절감이 부족하지만 노란색 튤립을 장식해놓는 것으로 실내에 봄 분위기가 감돈다.

꽃을 장식하는 방법만 달라도
세련된 생활 공간이 된다

관엽 식물을 놓은 실내 공간에 따뜻한 색 계열의 꽃을 놓아두는 것만으로도 이른 봄 분위기를 느낄 수 있다. 튤립이나 수선화 화분을 그대로 실내에 장식해도 근사하지만, 뿌리를 씻어서 유리 용기에 옮겨 꽂아주면 경쾌하고 세련된 분위기를 연출할 수 있다. 구근을 용기에 꽂아놓을 때는 2~3일에 한 번은 용기 안의 물을 갈아주도록 한다. 에어컨 바람이 직접 닿지 않는 장소에서는 약 2주 동안 꽃을 즐길 수 있다.

실내에서 키울 때 주의해야 할 것

실내에서 구근을 키워 아름다운 꽃을 즐기려면 적절한 환경과 관리가 필요합니다.
구근을 심기 전부터 꽃이 진 후의 처리까지 과정별 관리 포인트를 소개합니다.

Caution 01
구입한 구근 보관 방법

[곰팡이가 생긴 구근]

뿌리가 나오는 부분에 곰팡이가 생긴 히아신스의 구근. 표면의 껍질에 생긴 곰팡이는 문질러서 제거하거나 껍질을 벗겨내면 되지만, 사진처럼 구근 자체에 곰팡이가 생겼을 경우에는 곰팡이 제거 및 처리를 해야 한다.

아름다운 꽃을 피우기 위해 추위를 충분히 겪게 한다

가을에 심는 구근은 9월 초순에는 유통되기 시작한다. 다만 이 시기에 구입해도 기온이 높은 시기에는 수경 재배를 시작하지 않는 것이 좋다. 11월 정도까지는 볕이 들지 않고 통풍이 잘되는 추운 장소에 놓아둔다. 구입한 채 그대로 공기가 통하지 않는 비닐봉지 같은 것에 넣어두면 곰팡이가 생기므로 반드시 봉지에서 꺼내 놓거나 그물망에 옮겨 놓아야 한다.
10월 중순 이후에는 통기성이 좋은 그물망이나 종이봉투에 넣어 냉장고 채소실에 1개월 반~2개월 정도 넣어두고 충분히 저온 처리를 하는 것이 좋다.

[곰팡이 제거 방법]

칼로 곰팡이 부분을 도려낸다.

껍질에 곰팡이가 생긴 경우에는 껍질을 벗겨낸다.

곰팡이가 깊숙이 파고든 구근을 깨끗이 손질한 상태. 원래 뿌리내림 상태가 좋았던 오른쪽 구근만 손질 후에 성장했다.

[곰팡이가 생겼었지만 꽃이 핀 히아신스]

꽃이 피기는 했지만, 꽃줄기가 짧고 꽃의 크기도 작다. 다른 구근 한 개는 싹이 트지 않았다.

Caution 02

실내 환경과 꽃눈이 형성될 때까지
주의해야 할 것

구근에게 추위를 겪게 하여
꽃눈을 성숙시킨다

수경 재배에 실패하는 첫 번째 원인은 구근이 저온을 경험하지 않았기 때문이다. 특히 가을에 심는 구근은 일부를 제외하고 저온을 경험하는 것이 중요하다. 가을부터 겨울에 걸쳐 기온이 서서히 내려갈 때 일정 기간 저온을 경험함으로써 구근 내부의 꽃눈이나 줄기가 성숙하게 된다. 히아신스, 무스카리, 크로커스, 수선화 등 종류에 따라 적절한 온도와 기간은 다르지만, 모두 적어도 2개월 정도는 추운 장소에 놓아두도록 한다. 또한 난방기 바람이 직접 닿는 장소에 놓으면 곰팡이가 생기기 쉬우니 주의한다. 저온을 경험한 구근을 실내 환경에서 키우기 시작하여 뿌리가 나오고 싹이 자라기 시작하면 햇빛이 잘 드는 따뜻한 장소에 옮겨놓는다. 구근이 추위를 충분히 겪으면 옮겨놓은 후 잎과 꽃줄기가 무럭무럭 자라기 때문에 실외에서 키우는 것보다 빨리 꽃을 즐길 수 있다.
또한 구근의 싹이 나올 때까지는 상자 같은 것으로 덮어서 어둡게 하여 흙 속에 있는 상태와 비슷하게 만들어주면 뿌리의 발달을 촉진하여 이후에도 더욱 잘 자라게 된다.

[꽃눈이 생장하여 분화한 구근의 단면]

꽃눈

Caution 03

수경 재배의 물 관리

구근의 생장에 맞춰
물 높이와 수질을 유지한다

수경 재배에서는 물 관리가 매우 중요하다. 겨울철에는 1주일에 한 번 정도 물을 갈아주고, 용기 안은 구근의 밑면이 살짝 잠길 정도의 물 높이를 유지한다. 뿌리가 나온 후에는 뿌리가 자라는 것에 맞춰 서서히 물 높이를 낮춰간다. 뿌리가 나오는 부분에도 공기가 통하도록 하는 것이 포인트이다. 특히 구근 밑면 주위의 껍질 내부에 물이 고이면 뿌리가 나오기 전에 곰팡이가 발생하여 뿌리가 나오는 부분이 썩는다. 사전에 벤레이트 등의 살균제를 사용하면 곰팡이 발생을 억제할 수 있다(살균 방법은 86쪽 참조).

Caution 04

꽃이 진 후 관리할 때
주의해야 할 것

다음 해에도 꽃을 피우기 위해
꽃이 진 후의 처리 방법을 알아두자

수경 재배를 하여 꽃이 진 구근은 내부의 양분이 소모된 상태이므로 그대로 버리는 것이 일반적이다. 수경 재배용인 대형 구근 히아신스나 수선화 등은 꽃이 진 후에 적절한 관리를 해주면 전년보다 꽃이 작기는 하지만 이듬해에도 꽃을 피울 수 있다. 꽃이 지면 바로 꽃줄기를 자르고 흙에 옮겨 심는다(44쪽 참조). 햇빛을 충분히 받게 하고 10일~2주에 한 번 액체 비료를 주면 잎 부분이 자라고 땅속의 구근이 비대해진다. 잎이 누렇게 변하면 캐내어 가을까지 통풍이 잘되는 어두운 장소에 보관한다.

[관리가 잘되지 않아 썩어버린 상태]

추위를 겪지 않고 따뜻한 장소에 보관되어 푸른곰팡이가 생겨버린 실라.

Caution 05
실내에서 키울 때의 일조량

[일조량이 부족한 유코미스]

아래의 사진 1에서 11주 후. 일조량 부족으로 웃자라 보이기는 하지만, 꽃이 핀 유코미스.

[성장 과정]

생장에 필요한 빛에 대해 알아두어 일조량 부족으로 인한 웃자람을 방지한다

가을에 심는 구근은 싹이 나오기 전에는 춥고 어두운 곳에 두고, 싹이 나오면 햇빛이 잘 드는 곳으로 옮겨놓는 것이 기본이다. 이것은 잎과 꽃눈의 생육을 촉진하기 위해서이다. 수선화나 무스카리 등은 어느 정도 빛이 있으면 꽃눈이 자란다. 북향인 창가나 직접 볕이 들지 않는 실내에서도 키워 즐길 수 있다. 다만 일조량이 부족하면 잎이 웃자라서 길고 연약해진다. 특히 봄에 심는 구근은 햇빛이 필수 요소이다. 봄에 심는 유코미스는 수경 재배가 가능하나, 햇빛이 잘 드는 장소에서 관리하도록 한다.

5월 상순에 심은 구근. 화기의 바닥이 가려질 정도로 뿌리썩음 방지제를 넣고, 하이드로볼을 사용하여 구근의 위쪽 끝부분이 나올 정도의 높이로 심었다.

왼쪽 사진1에서 6주 후의 상태. 뿌리는 화기 바닥까지 충분히 자랐고, 지상부도 20cm 정도 자랐다.

[햇빛을 충분히 받은 유코미스]

잎이 자라기 시작한 후부터 충분히 햇빛을 받은 유코미스는 잎이 튼실하고 꽃이 빼곡히 달렸다.

Caution 06
구근식물 수경 재배의 문제점

수경 재배의 경우 생육 불량의 원인을 알아두자

히아신스를 수경 재배할 때 흔히 발생하는 문제점은 꽃이 중간까지만 피거나 꽃줄기가 자라지 않은 채 개화하는 것이다. 이것은 모두 구근이 저온을 충분히 경험하지 않은 것이 원인이다. 3개월 동안은 구근을 실외와 같은 온도에 놓는 것이 이상적이다. 튤립이나 무스카리를 수경 재배할 때 꽃눈이 올라오지 않는 것도 같은 원인이다.

또한 구근에 뿌리가 자라지 않는 현상도 흔히 발생한다. 1개월 이상 물에 담가두어도 뿌리가 전혀 자라지 않는 것은 뿌리가 나오는 부분이 썩었을 가능성이 있다. 뿌리가 나오는 부분을 만져봐서 손가락으로 눌러질 정도로 부드러우면 썩은 것이므로 안타깝지만 단념하도록 한다.

손쉽게 다양한 장소에서 즐기는 화분 재배

구근을 화분에 키우면 실외나 실내, 베란다 등의 처마 밑 등
장소를 옮겨가며 키울 수 있습니다.
모둠 화분으로 다양한 분위기를 즐겨보세요.

Chapter 02

화분 재배로 구근식물을 마음껏 즐기자!

영양분을 가득 비축하고 깨어난 구근은 생장기가 되어 잎이 무럭무럭 자랍니다.
각각의 구근에 맞는 방법으로 키운 싱그러운 구근식물을 좋아하는 장소에
장식하여 탐스러운 꽃의 아름다움을 한껏 즐겨보세요.

화분에 키운 수선화와 라케날리아, 라넌큘러스를 장식해 놓고 브런치를 즐긴다. 햇빛을 듬뿍 받은 추식 구근들은 초봄에 개화한다. 넘쳐흐르는 생명력이 느껴진다.

style 01

이동이 가능한 화분으로
다양한 풍경을 즐기자!

왼쪽 위: 꽃장식의 주연은 흰색 송이형 수선화 '엘리치어'. 저그에는 정원에서 따온 민트로 만든 프레쉬 소다. 오른쪽 위: 개화 후 1개월 가까이 계속 꽃이 피는 라케날리아 '콘타미나타'. 건조에 강하고 과습에 약하므로 화분 재배가 좋다. 오른쪽 아래: 라넌큘러스 '아라크네 Jr'은 꽃줄기가 여러 갈래로 갈라지는 스프레이형 품종. 꽃술이 검고, 녹색 꽃잎이 달린다.

향기로운 백색 꽃 옆에서
온화한 봄 햇살을 즐긴다

화분 재배의 장점은 노지에 심을 공간이 없어도 손쉽게 시작할 수 있고, 식물의 특성이나 생육 상황에 맞춰 더 좋은 환경으로 옮길 수 있다는 것이다.

개화 시기가 되면 꽃이 가장 아름답게 돋보이는 장소에 장식해보자. 휴일 브런치나 티타임에는 구근 화분이 정원의 테이블 연출을 빛내줄 것이다. 화분을 같은 분위기로 맞추고, 흙이 보이는 부분에 털깃털이끼를 얹어주면 더욱 깨끗하고 아름다워 보인다. 수선화나 히아신스, 나리 등은 향기가 강한 편이어서 실내의 식탁에는 적합하지 않지만, 실외에서는 달달한 향기가 감미롭게 느껴질 것이다.

큰 화분 하나로 강렬하게!

화분 안에 꽃의 매력을 가득 담아
정원 한 모퉁이에 포인트로

구근식물을 즐길 수 있는 좋은 방법은 큰 화분에 구근을 한가득 심어 화려하게 꽃을 피우는 것이다. 큰 화분은 구근의 뿌리가 자랄 수 있는 공간이 넓기 때문에 생육 환경이 좋아서 작은 화분에 심는 것보다 아름답게 자란다.

구근의 싹이 나올 때까지는 화분이 허전해 보이므로 흙의 가장 위층에 비올라나 알릿섬처럼 키가 작은 한해살이 식물을 심고, 튤립이나 수선화처럼 키가 크게 자라는 구근은 깊게 심으면 좋다. 깊은 화분에는 '더블 데커double decker, 2단 식재'라고 하는 식재 방법도 가능하다. 개화기가 다른 구근을 위아래로 2~3단의 층을 이루도록 심으면 시차를 두고 개화하므로 오랜 기간 즐길 수 있다. 단 구근을 촘촘히 심기 때문에 생육이 다소 부진해지므로 한해살이 식물로 생각하고 키우도록 하자.

오른쪽: 큰 화분에 식재된 티트리와 함께 벤치 한 편을 장식한 주황색 라넌큘러스와 분홍색 프리지아 '샌드라'. 라넌큘러스를 구근 상태에서 키울 경우 생육 관리가 잘 되지 않으면 꽃을 피우기 어려우므로 초봄에 꽃이 핀 화분을 구입하는 것도 좋은 방법이다. 프리지아는 향기가 강하므로 의자나 벤치 등 편안하게 쉴 수 있는 공간에 놓아두고 향기를 즐겨보자.

모둠 화분으로 작은 화단처럼 즐기기

위: 뒤쪽부터 연분홍색의 라넌큘러스 '락스 아리아드네', 빨간색의 튤립 '슬라와', 연분홍색의 알리움 '카멜레온', 보라색 라넌큘러스, 왼쪽의 진보라색 바비아나 스트릭타, 청보라색의 아네모네 블란다, 오른쪽 가장자리의 무스카리 '굴 딜라이트'. **왼쪽 아래:** 라넌큘러스. **오른쪽 아래:** 튤립 '톰푸스'.

색상의 주제를 정해
다른 품종을 한곳에 모아놓는다

다양한 종류의 화분을 한데 모아 테이블이나 소품과 함께 배치하면 아름다운 공간이 만들어진다. 배경에 녹색 잎이 많은 경우는 화려한 색상의 꽃들을 모아놓아도 녹색이 색을 흡수하므로 어수선해 보이지 않으니, 과감한 배색이나 화려한 원색 조합을 즐겨보자. 반대로 녹색이 적은 경우에는 꽃 색의 색조를 낮추거나 색상 차이를 줄여주면 조화롭게 어우러진다.

예를 들어 빨간색, 파란색, 노란색처럼 색상 차이가 커도 모두 파스텔 색조이면 통일감이 느껴지고, 강렬한 색상이나 연한 색상이 섞여 있어도 빨간색~보라색~파란색의 같은 계열 색은 조화롭게 어우러진다.

정원 한 편에 높낮이를 다르게 배치한 구근 화분 공간. 중간 크기의 로즈마리와 80㎝ 정도로 자란 대형 검은 꽃 품종인 프리틸라리아 페르시아와 튤립을 함께 배치했다.

앞쪽에는 개화를 앞둔 올라야. 노란색 잎의 동청괴불나무 '아우레아'와 노란색 계열 튤립 화분을 나무 상자를 이용하여 장식해 놓았다.

왼쪽부터 노란색의 소륜종 수선화 '그랜
드 솔레일 도르', 수선화 '서 윈스턴 처
칠', 수선화 '마운트 후드', 노란색 무스
카리 '골든 프레그런스'. 바구니에 심은
원종계 튤립 클루시아나 크리산타, 알
리움 '그레이스풀'. 오른쪽 가장자리는
개화를 앞둔 수선화 '마운트 후드'.

햇빛을 받아 만개한 흰색과 노란색의 원종계 튤
립 투르게스타니카. 분홍색에 노란색이 들어간
원종계 튤립 '라일락 원더'. 노란색과 붉은색의
튤립 클루시아나 크리산타.

처마 밑이나 베란다에서 즐기는 화분 장식

왼쪽 뒤부터: 회양목, 꽃봉오리가 많이 달린 분홍색의 헤스페란타, 키르탄서스, 월계수, 파란색 계열의 꽃 아네모네.
앞쪽의 왼쪽부터: 진보라색의 앵초, 자주색 잎의 옥살리스. 별 모양의 분홍색 꽃은 향기별꽃, 테라코타 화분에는 무스카리의 싹이 나왔다.

상록수에 봄 개화종 구근을 더해
계절감 있는 공간 연출

일 년 내내 즐길 수 있는 관엽 식물이나 상록수를 놓아둔 공간에, 튤립이나 수선화 같은 구근식물의 꽃을 함께 배치하여 계절감을 연출해보자. 늘 초록빛만 감돌던 공간이 단번에 화려하고 아름다워진다. 히아신스나 무스카리, 수선화 등은 구근 내부에 꽃을 피울 양분을 비축하고 있기 때문에 일조량이 적은 실내에서도 꽃을 피울 수 있다. 다소 볕이 잘 들지 않는 장소에서 재배해도 탐스러운 꽃을 피운다.

처마 밑의 햇빛이 잘 드는 장소에 위치를 정해 여우꼬리용설란과 동청괴불나무 '아우레아'를 배치했다. 그 사이에 연분홍빛이 감도는 튤립 '리조이스'를 놓았다. 12월 하순에 구근을 심어 4월 중순에 만개했다. 노출 콘크리트 벽과 검은색 화분, 목제 작업대가 놓인 남성적인 공간에 봄을 닮은 온화한 분위기를 더해주었다.

일상생활 공간에 봄을 닮은 파스텔 색상의 꽃으로 화사하게 장식한다. 앞쪽의 흰색 화분과 양철 소재의 화분은 모두 로즈마리. 안쪽의 흰색 꽃은 애기말발도리.

현관 옆 진입로. 잎이 크고 들쭉날쭉한 멜리안서스와 잎이 뾰족한 골풀 '블루 애로스'의 청량감이 느껴지는 조합에, 흰색 향기별꽃을 나무 소재의 플랜터에 모아 심었다. 낡은 스툴에는 검은색 부직포 화분에 심은 보라색의 바비아나 스트릭타를 얹어놓았다.

현관 옆이나 현관 앞, 진입로에서 손쉽게 즐기기

꽃이 진 후의 무스카리는 결실을 맺으면 귀여운 열매를 맺는다. 그대로 두면 안에 검은색 씨가 생기는데, 파종(씨앗을 뿌리는 일) 해서 개화하려면 수년 이상이 걸리므로 일반적으로는 꽃줄기의 밑동을 잘라내고 이듬해를 위해 구근을 살찌우는 것이 좋다.

일상 생활 속에 마음을 여유롭게 해주는 작은 구근식물을

베란다나 현관 앞처럼 좁은 공간이야말로 작은 구근식물의 개성이 돋보이는 공간이다. 구근은 흙에서 싹이 나오고 꽃이 필 때까지, 하루하루 비교적 빠르게 성장하는 식물이다. 변화를 관찰하는 것이 일상의 즐거움이 되어 자연스레 애착이 생기게 될 것이다. 대다수의 구근은 싹이 나온 후에는 물이 마르지 않고 건조해지지 않도록 해야 한다. 매일 지나다니는 장소에 놓아두면 물주기를 잊어버리는 것을 방지할 수 있다.

햇빛이 잘 드는 창가에 놓고 성장 과정을 만끽한다

작지만 야성미 넘치는
원종계 구근식물의 매력

일반적으로 '소형 구근'이라고 부르는 종류는 '원종계'인 것이 많으며, 화분 재배용이나 화분에 심은 채 그대로 두어도 되는 품종이 있다. 원종계는 품종 개량된 원예 품종이 아닌 야생종에 가까운 것 또는 야생종 그 자체를 의미한다. 가을에 심는 향기별꽃이나, 알리움 트리쿠에트룸, 봄에 심는 키르탄투스 마케니, 툴바그히아 비올라케아, 제피란서스 등은 소형 구근 중에서도 특히 튼튼해서 화분에 키워도 몇 년 동안은 옮겨 심지 않아도 된다. 포기가 무성해지면 캐내어 포기나누기를 해주면 좋다.

가로로 긴 플랜터에는 흰색의 무스카리 보트리오이데스 '알바'. 큰 사각형 화분에 심은 연분홍색의 로도히폭시스 바우리는 비교적 개화 기간이 길고, 화분 재배에 적합한 품종이다. 추위에 다소 약하지만 일본의 도쿄 주변 지역에서는 옥외에서 월동이 가능하며, 서리가 내릴 무렵에는 물을 주지 말고 화분에 심은 채 건조시킨다. 작은 화분은 아네모네 블란다.

style 07

나만의 가드닝 공간으로
성취감을 맛보자!

나팔형의 흰색 수선화 '마운트 후드'와 송이형의 '엘리치어'. 깊은 색조에서 품격이 느껴지는 튤립 '블랙 더블'. 가지가 크게 벌어진 보틀 트리와 함께.

좋아하는 공간에서
가장 아름다운 시기를 감상한다

햇빛이 잘 드는 방이나 정원으로 이어지는 현관에 공간이 있으면, 실외에서 키운 구근 화분을 들여놓고 아름다운 꽃을 만끽하고 싶어진다.

아직 정원 일이 많지 않은 4월 상순, 정원용 작업 도구나 작업복과 함께 나리형 대륜 튤립, 꽃이 많이 달리는 분지형 튤립, 꽃의 얼굴이 커다란 큰컵형 수선화 등 개성 있는 꽃들을 장식해보자. 아무렇게나 놓아둔 봄 구근 꽃과 초록빛 식물로 좋아하는 공간을 장식하면 편히 쉴 수 있는 아늑한 공간으로 순식간에 변신한다.

노출 콘크리트 벽의 돌출창에 무스카리 '마운틴 레이디'를 배치했다. 벽면과 비슷한 질감의 심플한 도기 화분을 사용하여 공간과 조화를 이루도록 했다.

작은 창문 옆에 오브제처럼 장식하는 스타일

꽃 그 자체가 예술 작품 조형미를 살린 장식

구근의 가장 아름다운 개화기는 실내에서 보며 즐기고 싶어진다. 10월 무렵에 심어 2~3개월 동안 실외에서 키운 무스카리 화분을 실내의 창가에 옮겨놓고 감상한다. 한겨울에 실외에서 따뜻한 실내에 들여놓으면 순식간에 꽃눈이 자라 개화기를 맞이한다.

화분에 심어 계속 실내에서 키울 경우에는 심기 전에 구근 상태로 2~3개월 정도 반드시 추위를 겪게 한다. 실라나 설강화 등도 같은 방법으로 키울 수 있다. 프레임이 될 돌출창이나 심플한 벽면 앞, 일본식 방이라면 도코노마床の間* 등 구근이 지닌 조형미를 충분히 즐길 수 있는 공간을 찾아 장식해보자.

*일본식 방에 바닥을 한층 높게 만들어 족자를 걸거나 꽃이나 장식물로 꾸며놓은 곳.

아마릴리스는 화분 하나로 방 전체의 분위기가 바뀔 만큼 존재감이 크다. 낡은 정원 창고를 연상시키는 나무 소재의 여닫이문 앞에 놓인 앤티크 테이블과 인더스트리얼 체어, 낡은 프레임과 서적이 각별한 공간을 만들어준다.

세련되고 즐거운 작업 공간 장식

원종계 아마릴리스가 지닌 압도적인 아름다움과 존재감

원종계 구근은 튼튼해서 키우기 쉬운 품종이 많은 것이 특징이다. 그 중에서도 원종계의 아마릴리스 파필리오는 강한 인상을 주는 초록빛과 짙은 붉은색 꽃잎에 매료된다. 손때가 묻은 낡은 작업대 위에 장식해 놓고 시골풍의 소박한 분위기를 즐긴다.

아마릴리스는 대부분 꽃이 핀 후에 잎이 자라고, 겨울에는 잎이 시들어 휴면하는데, 파필리오는 상록성 품종이므로 꽃과 잎을 동시에 즐길 수 있다. 열대성으로 추위에 약하므로 일 년 내내 물이 마르지 않도록 하고 햇빛이 잘 드는 실내에서 키운다.

원종계 아마릴리스 파필리오는 꽃이 나비와 비슷하게 생겨서 '버터플라이 아마릴리스'라고도 한다. 동계 육성종이므로 개화기는 겨울부터 봄이다. 4월 상순, 기온이 상승하여 꽃눈이 자라기 시작한 아마릴리스 '테라코타 스타'와 다양한 종류의 아마릴리스 구근.

화분에 키워 꽃을 피워보자!

구근의 분류 방법과 고르는 방법, 필요한 도구의 종류, 재료 등 구근을 키우기 위한 요령을 알아봅시다.
구근을 심을 때부터 개화까지 구근의 실제 성장 과정도 함께 소개합니다.

planting 01　구근의 종류

구근의 형태에 따른 5가지 분류법

구근식물은 저온이나 고온, 건조와 같은 혹독한 환경에서 살아남기 위해 지하부의 일부가 비대해진 '여러해살이 식물'이다. 비대해진 부분의 형태에 따라 비늘줄기, 알줄기, 뿌리줄기, 덩이줄기, 덩이뿌리의 5가지로 분류한다.

구근식물은 자생지의 기후에 맞춰진 생육 주기가 있다. 예를 들어 크로커스나 무스카리의 자생지는 지중해 연안인데, 이 지역은 겨울에는 비교적 온난하고 비가 많이 내리며, 여름에는 고온 건조하다. 비가 내리는 겨울에 잎이 생장을 시작하여 꽃을 피우고, 여름이 될 때까지 잎으로 광합성을 하여 지하의 구근에 양분을 가득 비축한다. 기온이 상승하면서 잎이 시들어버리고, 여름에는 물도 영양도 필요 없는 구근 상태로 휴면한다. 서늘해지고 비가 내리면 다시 생장을 시작한다.

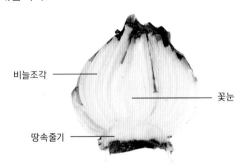

비늘조각
꽃눈
땅속줄기

비늘줄기^{인경鱗莖}

비늘조각이 양파 모양으로 생장

잎과 줄기가 비대해져 비늘조각 형태로 서로 겹쳐져 덩어리가 된 것. 백합과나 수선화과에 많고, 튤립이나 더치 아이리스처럼 어미 구근인 모구^{母球}가 소멸되어 없어지는 대신 새로운 자구가 형성되는 갱신형과 수선화나 히아신스, 아마릴리스처럼 매년 어느 정도까지 모구가 커지면서 자구가 늘어나는 종류가 있다. /사진은 히아신스

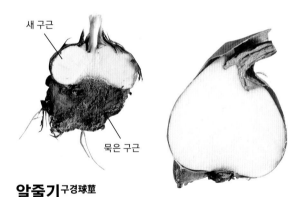

새 구근
묵은 구근

알줄기^{구경球莖}

땅속줄기가 둥근 모양으로 단축 비대화한 것

땅속줄기가 단축 비대화한 것으로 표면은 껍질로 싸여있다. 글라디올러스나 크로커스, 프리지아 등의 붓꽃과에 많으며 채소인 토란도 알줄기의 일종이다. 비대해진 부분을 자세히 보면 마디가 겹쳐져 있는 것을 알 수 있다. 또한 묵은 구근 위에 새로운 구근이 생기고 그 사이에서 '목자^{木子}'*라고 부르는 자구^{子球}, 새끼 구근 이 생긴다. /사진의 왼쪽은 글라디올러스, 오른쪽은 콜키쿰

*구근의 증식 방법의 하나로, 구근의 밑부분이나 땅속줄기에 생기는 작은 새끼 구근.

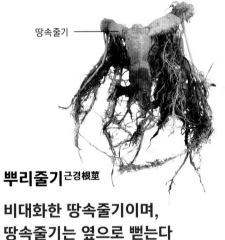

땅속줄기

뿌리줄기^{근경根莖}

비대화한 땅속줄기이며, 땅속줄기는 옆으로 뻗는다

땅속에서 수평으로 뻗은 땅속줄기가 비대해져 다육화한 것으로, 뿌리나 줄기는 마디 부분에서 생장한다. 독일붓꽃이나 자란, 칸나, 채소인 연근과 생강도 여기에 해당한다. 다른 구근은 1년 또는 수년 후에 어미 구근이 소멸되고 자구로 갱신되는데, 이와달리 적절한 온도와 물이 있으면 땅속줄기로 계속 뻗어나가 어미 포기 자체도 크게 생장하며 뻗어나간다. /사진은 중국붓꽃

덩이줄기 괴경塊莖

겉껍질이 없고 줄기가 비대화

알줄기와 마찬가지로 줄기가 비대해진 것이지만, 구근은 껍질에 싸여있지 않다. 칼라나 감자는 줄기만 변화하고, 아네모네나 시클라멘은 줄기와 뿌리의 일부가 비대해진다. 감자처럼 모구^{씨감자}에서 덩굴 같은 줄기가 뻗어 나와, 그 끝부분에 자구가 형성되는 종류와 칼라처럼 구근의 윗부분에서 나온 눈의 기부에 새로운 구근이 형성되는 종류가 있다. /사진은 시클라멘

눈

덩이뿌리 괴근塊根

뿌리가 비대해진 섬세한 구근

뿌리 부분이 저장기관이 되어 다육 상태로 비대해진 것으로, 다알리아, 라넌큘러스 작약이나 고구마가 여기에 해당한다. 최근 인기를 끌고 있는 '코덱스 플랜트 괴근식물'는 일반적인 총칭이며 여기에서 분류하는 덩이줄기와는 다르다. 덩이줄기의 중심 부근 줄기 기부에서 눈이 나오는 것이 많으므로 덩이줄기의 줄기 부분이 손상되지 않도록 한다. /사진은 다알리아

---

planting 02   구근 구입하기! 선택하기에 따라 생육 상태도 달라진다

비늘줄기, 알줄기의 경우

[좋은 구근]

사진은 수선화의 구근. 크고 탄탄하며 묵직하고, 뿌리가 나오는 부분이 깨끗한 것. 구근은 상처가 나기 쉬우므로 이른 시기에 구입하는 경우에는 껍질이 벗겨지지 않은 것을 고르는 것이 좋다.

[나쁜 구근]

싹이 지나치게 많이 자랐거나 꺾인 것. 구근이 오래 묵으면 구근 본체가 수축되어 버린다. 사진의 구근은 본체가 수축되어 껍질과 분리되어버렸다.

뿌리가 나오는 부분에 곰팡이가 생겼고, 눈이 나오는 윗부분이 거무스름하고 말랐다. 봉지 단위로 판매하는 경우에는 이런 상태의 구근이 들어 있는 경우도 있다. 수선화는 발아하는 경우가 많으므로 빨리 심도록 한다.

상처가 없는 구근을 구입한다

9월 무렵이 되면 가을에 심는 구근을 유통하기 시작한다. 일찍 구입한 경우에는 적절한 식재 시기가 될 때까지 통풍이 잘되고 서늘한 장소에 놓아두고 관리한다.

덩이뿌리의 경우는 눈이 나오는 부분이 중요하다. 다알리아는 손상되지 않도록 포장된 상태로 판매되고 있다. 눈이 꺾여버린 것이나 뿌리만 있고 눈이 달리지 않은 것도 있으므로 눈이 달려 있는지를 보고 확인한 후 구입하도록 한다.

라벨이 붙어 있는 일반적인 시판용 포장. 원예 전문점이나 대형마트에서는 백합처럼 구근이 크고 인기 있는 종류는 구근을 한 개씩 개별 판매하는 경우도 있다. 인터넷상의 원예 전문점 등에서는 품종이나 시기에 따라 뿌리가 나온 구근을 판매하기도 한다. /사진은 글라디올러스의 구근

ⓐ 있으면 편리한 최소한의 도구

1. 구근 파종기
구근을 심을 때 흙에 구멍을 파는 도구. 눈금이 있어 적절한 깊이를 확인할 수 있다. 무스카리나 실라 등의 소형 구근용.

2. 구근 파종기
대형 구근용. 예리한 앞쪽 끝부분을 흙에 꽂아 넣으면 본체의 내부로 흙이 들어가 식재용 구멍이 생긴다.

3. 모종삽
구근을 심을 때나 화분용 용토를 혼합할 때 사용. 저렴한 것은 잘 부러진다. 녹이 슬지 않는 스테인리스 소재가 좋다.

4. 가위
꽃이 진 후에 꽃줄기나 잎 등을 자를 때 사용한다. 옆에 철사를 자르는 부분이 달려 있는 것이 편리하다.

5. 마끈
지지대를 묶거나 꽃이 진 후에 흐트러진 잎을 모아주거나 할 때 사용한다. 비닐 소재의 끈으로도 대체할 수 있다.

6. 화분 거름망
화분 바닥 구멍의 크기에 맞춰 잘라서 사용하고, 화분 바닥 구멍으로 배양토가 새어 나오거나 벌레가 들어가는 것을 방지한다.

7. 장갑
질산칼슘 성분이 있는 히아신스의 구근을 다룰 때 등에 사용한다. 가죽 소재보다 얇고 손에 딱 맞는 것이 좋다.

8. 지지대
대나무 소재, 플라스틱 소재 등이 있으며, 가지치기를 한 가지를 사용해도 좋다. 사진은 버드나무 가지.

구근을 심을 때와 평소 관리에 필요한 도구와 재료

구근을 키우기 위해 필요한 도구는 대형마트 등에서 구입할 수 있는 용품들이다. 구근 파종기는 반드시 갖추어야 하는 도구는 아니지만, 흙에 심을 때 품종별로 적절한 깊이가 있기 때문에 눈금이 있는 구근 파종기가 있으면 구근을 심는 작업이 즐거워진다. 구근식물은 생육 기간이 짧은 것이 많기 때문에 심은 후에 싹이 나올 때까지 또는 생육을 마치고 지상부가 시든 후에는 심은 장소를 알 수 없는 경우가 많으므로 나무나 금속 소재의 이름표를 꽂아주면 좋다.

ⓑ 구근을 심을 때 필요한 재료 준비하기

Material 01 흙을 만들기 위한 재료

경석
작은 입자는 배양토에 섞어서 배수성을
좋게 할 때 사용. 굵은 입자는 화분 바닥
돌로 사용.

화분 바닥돌
배수성을 높이기 위해 약간 큰 돌을 화
분 용적의 10~20% 정도 넣는다.

밑거름
유기질 비료, 화학 비료가 있으며, 심을
때 흙에 섞거나 구근 밑에 넣어준다.

바크
침엽수의 나무껍질을 분쇄한 것. 표면을
꾸며주는 용도로 사용하는데 보온효과
도 있다.

배양토
여러 가지 종류의 흙을 혼합하여 비료
성분을 더해준 것. 구근에는 배수성이
좋은 것을 선택한다.

일향토(휴가토)
경석의 일종. 사용 목적은 배수성을 높이
는 것. 녹소토로 대체해 사용해도 된다.

뿌리썩음 방지제
유해한 물질을 흡착하는 특성이 있으므
로 배양토에 섞어서 사용하면 좋다.

구근의 생장에 필수 조건은 질 좋고 배수성이 좋은 흙

구근의 뿌리 발육은 지상부의 생장에 큰 영향을 미친다.
화분 재배의 경우 뿌리가 자랄 수 있는 공간이 한정되어
있어, 건강하고 튼튼하게 키우기 위해서는 질 좋은 흙을
사용하여 충분히 뿌리가 성장하도록 하는 것이 중요하다.
'좋은 흙'이란 비료 성분이 충분히 함유되어 있고, 흙 알갱
이 하나하나가 물을 잘 흡수하면서도 여분의 물은 바로 배
출하는 것이다. 구근식물은 대부분 배수성이 좋은 환경을
좋아한다.
시중에서 판매하는 배양토를 사용할 경우에는 적옥토 등
비료 성분이 많이 배합된 알갱이 형태를 고른다. 직접 배
합할 경우에는 부엽토 또는 퇴비가 2~3, 적옥토 5, 녹소토
또는 경석 2~3의 비율로 혼합한다. 비료 성분을 좋아하는
다알리아나 아마릴리스 등은 더 많은 비료를 혼합한다.

Material 02 영양분 공급을 위한 비료

액체 비료
즉효성이며 정기적으로 공급해준다. 구
근의 종류, 시기 등에 따라 주는 횟수가
다르다.

고형 비료
효과가 천천히 나타나는 비료. 밑거름으
로도 웃거름으로도 사용한다.

비료를 과도하게 주면 말라죽는 원인이 된다 적절한 시기와 적정 양을 반드시 지킨다!

추식 구근(98쪽 참조)은 보통 비료를 많이 주면 좋지 않다.
반면에 춘식 구근은 추식 구근보다 다소 많이 준다. 인산과
칼륨의 비율이 높은 비료를 선택하면 좋다. 구근을 심을 때
는 밑거름으로 완효성 고형 비료를, 웃거름으로는 고형 비
료나 액체 비료 중에 하나를 준다. 비료를 주는 횟수나 필
요한 양은 종류에 따라 다르다. 비료를 과도하게 주면 꽃달
림이 나빠지고, 뿌리가 말라죽는 원인이 되기도 한다. 구근
을 구입할 때 함께 들어 있는 설명서를 꼼꼼히 읽고 각각의
식물에 맞춰 비료를 주도록 한다.

구근 살균 방법

1표 0.5g씩 소량 개별 포장되어 있으므로 2포를 약 500cc의 물에 녹인다.

구근이 들어 있는 비닐 소재의 망을 그대로 사용하여 담근다.

이외에 '오소사이드 수화제' 등이 있으며 사용 방법은 같다.

구근을 심기 전의 살균제 처리로 병충해와 곰팡이 예방

구근은 종류에 따라서 곰팡이나 병에 걸리기 쉬운 것이 있지만 심기 전에 살균제를 사용하면 예방할 수 있다.

베노밀 수화제인 'GF 벤레이트 수화제'의 경우 희석 배수는 100~500배이다. 분말 1g에 100~500cc의 물로 희석한 후 구근을 15~30분 담가둔다. 또한 '분의粉衣'라고 하여 가루를 그대로 구근에 뿌려서 묻히는 방법도 있다.

구근을 튼튼하게 키우기 위한 몇 가지 포인트를 알아두자

생육기의 구근은 대부분 많은 양의 물을 필요로 하기 때문에 수분이 부족하면 개화에 영향을 준다. 특히 화분 재배는 흙이 마르기 쉬우니 발아 후에는 물주기를 잊지 않도록 한다. 또한 구근이 땅속에서 병이 들거나, 발아 후 생장이 멈추거나, 추위를 충분히 겪지 않아 꽃눈이 나오지 않거나, 반대로 추위에 약한 품종이 서리를 맞아 개화하지 않는 경우가 있다. 심을 구근의 특성을 잘 파악하여 구근식물과 함께하는 즐거운 생활을 만끽하자!

히아신스의 경우

A. 꽃눈이 올라온다
심은 후 구근 내부에 이미 꽃눈이 형성되어 있으므로 싹이 트는 것과 동시에 꽃눈도 올라오기 시작한다.

▶▶▶

B. 꽃이 핀다
꽃눈이 먼저 자라고 잎이 옆으로 퍼지면서 성장한다.

▶▶▶

C. 꽃이 진 후
꽃이 어느 정도 지면 이듬해의 구근을 육성하기 위해 잎이 한 층 더 성장하며 옆으로 퍼진다.

ⓐ 기본적인 구근 심기 방법

Case 01 단독으로 심을 경우

[재료]

나리 '하이 티' 구근

나리는 건조한 환경을 싫어하므로 피트모스 안에 넣은 상태로 판매한다. 피트모스를 제거한 상태.

화분과 거름망

화분은 깊이, 지름 모두 25㎝의 토분을 사용했다. 화분 바닥에 거름망을 깔아준다.

화분 바닥돌

굵은 입자의 경석을 사용한다. 굵은 입자의 적옥토로 대체해 사용해도 된다.

배양토

부엽토가 혼합된 유기질이 풍부한 것을 선택하도록 한다.

밑거름

유기성 고형 비료를 사용했으나, 화성 비료를 사용해도 된다.

[심는 방법]

1

바닥돌을 넣는다

심는 시기는 12월 중순. 거름망을 깔고 화분 바닥이 보이지 않을 정도로 바닥돌을 넣는다. 바닥돌은 화분의 10% 정도면 된다.

2

배양토를 넣는다

배양토를 5㎝ 높이로 넣는다.

밑거름을 넣는다

밑거름을 배양토 전체에 살짝 뿌려준다.

구근을 넣을 때의 흙 높이

비료가 보이지 않을 정도로 다시 배양토를 2cm 정도 넣는다.

구근을 넣는다

구근의 뿌리를 넓게 펴서 심는다. 생육에는 화분 하나에 1개씩 심는 것이 좋으나, 보기 좋게 하기 위해 2개를 심었다.

흙을 덮는다

배양토를 넣고, 다시 비료를 살짝 뿌려준다. 가장자리까지 흙을 채우면 물을 줄 때 흙이 흘러넘치므로 가장자리에서 3cm 정도 아래쪽까지 넣어준다.

물을 준다

나리의 구근은 건조한 환경에 약하므로 심은 후에 바로 화분 밑으로 물이 흘러나올 때까지 물을 흠뻑 준다.

구근이 건조해지는 것은 금물
깊은 화분에서 여유롭게 키우자

나리의 개화기는 가을에 심는 구근 중에서는 가장 늦은 5~8월. 구근을 심는 적기는 10~3월로 알려져 있으나, 나리의 구근은 건조에 약하므로 구입 후 가능한 빨리 심도록 한다.

또한 구근의 위아래 양쪽에서 뿌리가 나오므로 화분에 심을 경우에는 최소한 구근 지름의 3배 이상 깊은 화분을 골라서 뿌리가 충분히 뻗을 수 있도록 최대한 여유 있게 심도록 한다.

Case 02 작은 구근의 경우

[재료]

프리지아 구근

작은 구근은 봉지 단위로 판매하는 경우가 많다. 크고 작은 구근이 들어 있는데 모두 심는다. 풍성해 보이도록 2봉지 분량을 사용했다.

화분, 거름망

화분은 깊이, 지름 모두 25cm의 토분을 사용했다. 화분 바닥에 거름망을 깔아준다.

화분 바닥돌

굵은 입자의 경석을 사용한다. 굵은 입자의 적옥토를 사용해도 된다. 배수성, 토양 개량 효과가 있는 규산염백토 배합 제품도 있다.

배양토

시판용 배양토를 사용한다. 배수성이 좋은 것을 선택한다.

밑거름

유기성 고형 비료를 사용했으나, 화성 비료를 사용해도 된다.

[심는 방법]

1 바닥돌, 배양토, 밑거름을 넣는다

심는 시기는 11월 중순. 거름망을 깔고 화분 바닥이 보이지 않을 정도로 바닥돌을 넣는다. 바닥돌은 화분의 10% 정도면 된다.

2 구근을 놓았을 때의 흙 높이

화분 가장자리에서 8cm 정도의 높이까지 배양토를 넣는다.

구근을 배치한다

구근이 화분 가장자리에 붙지 않게 하면서 구근을 일정한 간격으로 놓는다. 반드시 뾰족한 쪽을 위로 놓는다.

흙을 덮는다

다시 배양토를 넣는다. 가장자리까지 흙을 채우면 물을 줄 때 흙이 흘러넘치므로 가장자리에서 3cm 정도 아래쪽까지 넣어준다.

물을 준다

2~3일은 흙의 습기가 스며들게 한 후 화분 밑으로 물이 흘러나올 때까지 물을 흠뻑 준다.

겨울철 따뜻한 햇볕이 중요하다! 원산지의 기후에 맞춘 관리법을

프리지아는 추위에 약하므로 화분 재배의 경우에는 심은 후에 서리를 맞지 않도록 햇빛이 잘 들고 따뜻한 처마 밑 같은 곳에 놓아두면 좋다. 단 추위에 약하다고 해서 온실에서 키우면 잎이 빈약해지고 꽃이 아름답게 피지 않는다. 이것은 가을에 심는 구근의 큰 특징이며, 겨울철 저온을 경험하면 잎과 꽃이 튼실해진다. 원생지는 겨울에는 습기가 많은 기후의 남아프리카. 겨울에도 흙 표면이 마르면 물을 흠뻑 준다.

Case 03 배수성을 좋게 할 경우

[재료]

튤립 구근

원종계 튤립 클루시아나 '페퍼민트 스틱'의 구근.

검은색 비닐 포트와 거름망

지름 15cm의 비닐 포트를 사용했으나, 도기 화분이나 플라스틱 소재의 화분을 사용해도 된다.

일향토

보수성과 배수성이 뛰어나다. 배양토에 20~30%를 섞어주기만 해도 보수성, 배수성이 좋아진다.

바크

표면을 꾸며주는 효과와 보수성이 있다. 보온성을
높이는 효과도 있으므로 한랭지에서는 특히 유용
하다.

1

일향토를 넣는다

심는 시기는 11월 중순. 포트의 60% 정도의 높이까지 일향토를 깔아준다.

2

구근을 배치한다

구근의 뾰족한 쪽을 위로 하여 일정한 간격으로 놓는다.

3

위쪽을 일향토로 덮는다

전체적으로 가장자리에서 20% 정도 아래쪽까지 일향토를 넣는다.

4

바크를 얹어준다

표면의 흙이 보이지 않을 정도까지 바크를 전체적으로 깔아준다. 2~3일 후에
물을 준다.

심은 채 그대로 여러 해를 즐길 수 있는 원종계 튤립이 매력적이다

튼튼해서 키우기 쉬운 원종계 튤립 클루시아나 '페퍼민트
스틱'은 노지에 심으면 심은 채 그대로 여러 해 꽃을 피우
는 우량 품종이다. 생육할 때 가장 중요한 포인트는 추위
를 충분히 겪게 하는 것과 물 빠짐이 좋은 흙에 심는 것이
다. 흙 자체에 비료 성분이 없어도 구근 자체의 양분으로
개화한다. 영양분이 없는 일향토를 이용한 실험적인 화분
재배에서도 그것이 실제로 증명되었다. 다만 이듬해를 위
해 구근을 살찌울 경우에는 비료 성분을 혼합한 배양토를
사용하도록 한다.

ⓑ 구근을 심은 후의 생장 과정을 살펴보자

Case 01 나리 '하이 티'의 경우

구근을 심고 17주 후인 4월, 흙 표면으로 싹이 얼굴을 내밀기 시작한다.

구근을 심고 19주 후. 15~20㎝ 정도로 성장.

구근을 심고 20주 후. 30~40㎝로 성장.

Case 02 프리지아의 경우

구근을 심고 13주 후의 상태. 싹이 나오기 시작한다.

구근을 심고 15주 후. 잎이 10㎝ 정도로 자랐다. 아직 싹이 나오지 않은 구근도 있다.

구근을 심고 18주 후. 잎이 15㎝ 정도이며 무성해지기 시작한다.

Case 03 원종계 튤립의 경우

구근을 심고 14주 후의 상태. 바크 사이로 싹이 나오기 시작한다.

구근을 심고 17주 후. 잎이 무럭무럭 자라서 20㎝ 정도까지 성장했다.

구근을 심고 19주 후. 잎이 많아지면서 벌어지고, 높이는 25㎝ 정도가 되었다.

4 구근을 심고 23주 후, 50~60cm로 성장하여 꽃눈이 달리기 시작한다.

5 구근을 심고 25주 후. 60~70cm 정도로 성장했다. 꽃눈이 부풀어 오르기 시작한다.

6 구근을 심고 32주 후. 꽃눈이 커지기 시작했다. 줄기가 쓰러지는 것을 방지하기 위해 지지대를 세워주었다.

7 구근을 심고 41주 후에 꽃이 활짝 피었다. 구근에 따라 꽃눈의 개수가 다른 경우가 있다. 개화 후 10일 정도 유지된다.

4 구근을 심고 19주 후, 잎이 한층 더 무성해지고 20cm로 성장.

5 구근을 심고 20주 후, 꽃눈이 올라오기 시작한다.

6 구근을 심고 22주 후. 꽃눈이 잎보다 높게 자라고, 꽃눈의 끝부분이 흰색으로 변하기 시작했다.

7 구근을 심고 24주 후에 꽃이 활짝 피었다. 꽃은 2주 정도 유지된다.

4 구근을 심고 22주 후. 꽃눈이 올라와 온도가 높아지면 개화한다.

5 구근을 심고 23주 후. 꽃이 지기 시작하고, 꽃잎이 말리기 시작한다.

꽃을 즐기는 경우, 구근을 살찌우는 경우 목적에 따라 구근의 개수를 정한다

화분의 크기와 심는 구근의 개수를 정할 때, 화분은 꽃이 진 후에 구근을 살찌우기 위해서 여유 있는 크기로 선택한다. 구근은 충분히 생육할 수 있는 공간이 확보되는 개수만큼 심는다. 때때로 그렇게 구근을 심으면 꽃이 피어도 포기와 포기 사이의 간격이 너무 벌어져 예쁘지 않은 경우도 있다. 위에서 생장 과정을 설명한 프리지아나 나리는 화분 크기에 비해 구근의 개수가 다소 많은 편이다. 촘촘하게 심는 것이 아름다워 보이는 무스카리나 튤립 등도 개화 시기를 즐기기 위해 관상 가치에 중점을 둘 경우에는 적정 개수보다 많이 심어도 된다.

구근을 심은 첫해는 각각의 구근에서 1~2송이밖에 피지 않는 경우도 있으나, 큰 화분이나 노지에 심어 구근을 충분히 살찌우면 1~2년 만에 꽃눈이 4~5송이 정도 달리게 된다.

아름답게 핀 나리 '하이 티'

OT 하이브리드계의 나리 '하이 티'. 오리엔탈계에서 모양과 향기를, 키가 크고 색이 선명한 트럼펫계에 서 색상을 얻어낸 새로운 품종. 나리를 깊게 심는 이유는 구근의 위아래에서 뿌리가 길게 자라기 때문이 다. 그 뿌리는 줄기의 옆쪽에서 나오는 윗뿌리는 물이나 양분을 흡수하고, 밑에서 나오는 밑뿌리는 스스 로를 지지하는 역할을 한다.

ⓒ 한 화분에 다양한 종류의 구근식물을 심어서 즐긴다

[재료]

히아신스 구근

크로커스 구근

원종계 튤립 구근

무스카리 구근

구근을 심을 화분

화분 바닥돌

배양토

털깃털이끼

밑거름

[심는 방법]

1

배양토까지 넣고, 첫 번째 구근을 배치한다

심는 시기는 12월 상순. 깊이 20㎝ 정도의 화분 바닥에 얇게 바닥돌을 깔고, 배양토를 8㎝ 정도 넣는다. 가장 큰 히아신스의 구근을 일정한 간격으로 놓는다.

2

다른 구근도 배치한다

히아신스의 싹이 보일 정도까지 배양토를 다시 넣어주고, 히아신스 사이에 다른 소형 구근을 불규칙하게 배치한다.

3 위쪽에 흙을 넣는다

구근 전체가 보이지 않을 정도까지 배양토를 다시 넣어준다. 화분 가장자리에서 3㎝ 아래쪽까지 넣는다.

4 털깃털이끼로 덮는다

털깃털이끼로 흙 표면 전체를 덮어준다. 표면을 꾸며주기 위한 것이므로 없어도 된다.

[성장 과정]

1 잎과 꽃눈이 성장한다

구근을 심고 12주 후의 상태. 히아신스와 크로커스의 싹이 나오기 시작한다.

2 크로커스가 개화한다

구근을 심고 15주 후. 크로커스가 만개하고, 히아신스와 무스카리도 꽃눈이 올라오기 시작한다.

4 원종계 튤립이 개화한다

구근을 심고 19주 후. 튤립이 개화한다. 꽃이 쓰러지기 쉬워 지지대를 세웠다. 꽃이 진 히아신스의 꽃줄기는 모두 밑동을 잘라준다.

5 모든 꽃의 개화가 끝났다

구근을 심고 21주 후. 꽃이 모두 지고 히아신스의 잎이 시들어 누렇게 변했다.

3

히아신스와 무스카리가 개화한다

구근을 심고 18주 후. 히아신스가 개화
했는데 개체별로 생육 상태에 차이가 있
다. 분홍색 무스카리도 개화했다.

히아신스부터 튤립까지
사랑스러운 봄 개화종 구근을 한데 모아

오랜 기간 즐길 수 있도록 4종류의 구근을 혼합하여 심는
다. 우선 초봄에 땅에 닿을 듯이 나지막이 피는 원종계 크
로커스 '스노우 번팅', 그 다음은 흰색 히아신스와 무스카
리, 마지막에는 원종계 튤립 클루시아나로 이어진다. 튤립
이나 히아신스 대신 잎이 작은 원종계 수선화 칸타브리쿠
스나 실라 시베리카 등을 사용해도 좋다. 설강화나 아네모
네 블란다 등 키가 작은 구근으로만 구성하여 사랑스러운
화분을 만들어도 좋다.

무스카리 중에는 보기 드문 분홍색 꽃이 피는 '핑크 선라이즈'와 흰색 히아신스 '카네
기'. 4종류 중에서 유일하게 향기가 있는 히아신스는 생육 속도가 개체별로 다소 차
이가 있다. 생각한 그대로는 아니지만, 이른 봄이 찾아온 듯한 재미있는 분위기로 완
성되었다.

ⓓ 구근을 심을 때의 깊이와 시기의 관계

노지에 심을 때보다 얕게 심어
뿌리의 공간을 확보한다

화분에 심는 경우에는 노지에 심을 때와는 달리 뿌리의 생육 장소가 한정되어 있다. 따라서 나리 등의 일부 식물을 제외하고 구근의 윗부분이 보이지 않을 정도로만 얕게 심어 뿌리가 성장할 자리를 확보한다. 흙의 양은 많은 것이 좋으나, 화분 가장자리까지 흙을 가득 채워버리면 물을 줄 때 화분 내부에 물이 충분히 스며들지 않은 채 흙과 물이 넘쳐흐른다. 따라서 흙은 적어도 화분 가장자리에서 2~3cm 정도까지는 내려오도록 넣어 물 공간을 확보해야 한다.

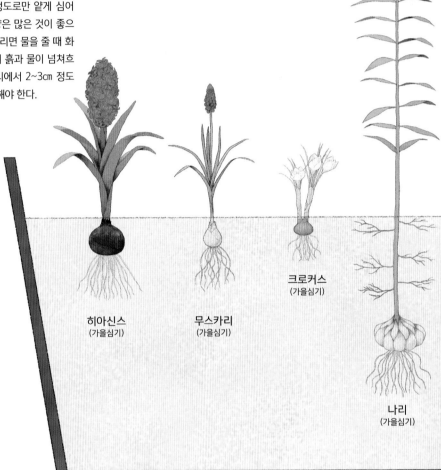

히아신스
(가을심기)

무스카리
(가을심기)

크로커스
(가을심기)

나리
(가을심기)

심는 시기에 따른 분류에 대해서

구근은 형태에 따른 분류 이외에도 구근을 심는 적정 시기에 따라 가을에 심는 구근, 봄에 심는 구근, 여름에 심는 구근의 3가지로 분류된다. 다만 이 3가지 유형으로 분류할 수 없는 종류도 있으며, 심는 시기가 같다고 해서 반드시 특성이 비슷하다고 할 수 없다. 품종이나 종류별로 적합한 심는 방법, 키우는 방법을 확인해두도록 하자.

추식 구근 가을심기 구근

가을에 심으면 월동을 한 후 봄에 꽃이 피고, 초여름부터 여름까지 휴면하는 구근이다. 휴면 중에는 활동하지 않는다. 지중해 연안 지역에 자생하는 종류가 많으나, 아시아 원산의 나리도 포함된다. 휴면할 때 여름철 고온과 겨울철 저온을 충분히 경험하는 것이 중요하다. 그 과정을 거치지 않으면 생육과 개화에 큰 영향을 미치게 된다. 대표적으로 튤립, 무스카리, 히아신스 등이 있다.

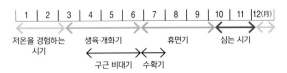

| 1 | 2 | 3 | 4 | 5 | 6 | 7 | 8 | 9 | 10 | 11 | 12(月) |

저온을 경험하는 시기 · 생육·개화기 · 휴면기 · 심는 시기

구근 비대기 · 수확기

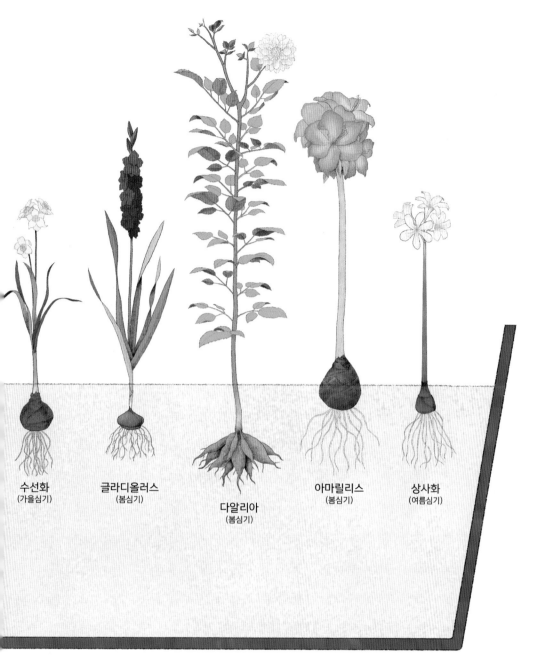

수선화
(가을심기)

글라디올러스
(봄심기)

다알리아
(봄심기)

아마릴리스
(봄심기)

상사화
(여름심기)

춘식 구근 봄심기 구근

추위가 누그러지는 봄에 심으면 초여름에서 가을에 걸쳐 꽃이 피고, 추워지면 지상부가 시들고 휴면하는 구근이다. 열대 지방이 원산지인 종류가 많으며, 다알리아나 글라디올러스, 아마릴리스 등이 있다. 추위에 약하여 지온地溫 땅의 온도의 저하로 말라죽게 되므로 캐내어 이듬해 봄까지 관리하는 종류가 많은 것이 특징이다.

하식 구근 여름심기 구근

여름에 심으면 가을에 꽃이 피고, 꽃이 진 후에 잎이 나와 겨울 동안 자라며, 봄에 시들어 휴면하는 구근이다. 네리네나 리코리스 등의 수선화과나 콜키쿰이 여기에 속한다. 추위에 강한 것이 많으며, 한 번 심으면 여러 해 심은 채 그대로 두어도 되는 종류가 많은 것도 특징이다.

| 1 | 2 | 3 | 4 | 5 | 6 | 7 | 8 | 9 | 10 | 11 | 12(月) |

저온에 의한 휴면기   심는 시기   생육·개화기

구근 비대기   수확기

| 1 | 2 | 3 | 4 | 5 | 6 | 7 | 8 | 9 | 10 | 11 | 12(月) |

생육기 (구근 비대기)   휴면기   개화기

수확기·심는 시기

ⓔ 다른 화초와 함께 모둠 화분을 만들어 마음껏 즐기자!

[재료]

무스카리 구근

실라 구근

구근을 심을 와이어 바스켓

시클라멘 모종

백리향 모종

배양토

털깃털이끼

밑거름

[심는 방법]

1

털깃털이끼와 흙을 넣고, 모종을 배치한다

심는 시기는 12월 상순. 털깃털이끼의 초록색 부분을 바깥쪽으로 하여 바구니 전체에 깔아준 다음 흙을 넣고, 시클라멘과 백리향 모종을 배치한다.

2

다시 흙을 넣고, 구근을 배치한다

모종 사이에 실라 시베리카와 무스카리 '그레이프 아이스'의 구근을 놓고, 구근이 보이지 않을 정도로 다시 흙을 넣어준다.

3

털깃털이끼를 얻는다

흙이 보이는 부분에 털깃털이끼를 전체적으로 골고루 깔아준다.

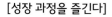

[성장 과정을 즐긴다]

싹이 트기 시작한 상태

구근을 심고 15일 후, 무스카리와 실라의 싹이 자라기 시작한다.

실라와 무스카리의 꽃이 만개

무스카리 '그레이프 아이스'는 윗부분의 흰색과 아랫부분 보라색의 대비가 눈길을 사로잡는 2색 복색 품종이다. 전체적으로 털깃털이끼를 깔아주어 자연의 풍경을 담은 화분이 탄생했다.

무스카리가 개화하기 시작한다

구근을 심고 17주 후, 무스카리의 꽃이 피기 시작한다.

아네모네와 라넌큘러스를 발아시키는 방법

구근을 심기 전에 미리 뿌리와 싹의 생장을 촉진한다

라넌큘러스나 아네모네의 구근은 품종에 따라 바싹 마른 상태로 판매하는 경우가 있다. 그대로 흙에 심어 물을 주면 급격히 물을 흡수해 구근 내부의 녹말질이 팽창하여 부패하는 경우가 있다. 그러므로 심기 전에 천천히 물을 흡수시켜 주어야 한다. 모래나 버미큘라이트 등 무균 상태의 보수성이 있는 용토를 물에 적신 후 구근을 올려놓고 어둡고 서늘한 곳에 놓아둔다. 5~10일 정도 지나 구근이 충분히 부풀어 올라 발아한 상태에서 흙에 옮겨 심도록 한다.

[재료]

아네모네 구근

라넌큘러스 구근

버미큘라이트
광물을 700도 이상의 고온에서 구워 팽창시킨 것. 여러 층으로 겹쳐 있는 구조로 무균 상태이다. 보수성이 좋고 통기성도 있다.

화분 받침(대형)

[발아시키는 과정]

1 라넌큘러스의 구근을 배치한다
30㎝ 크기의 대형 플라스틱 소재의 화분 받침대에 버미큘라이트를 3㎝ 정도 깔아준 다음 구근을 배치한다.

2 아네모네의 구근을 배치한다
라넌큘러스의 구근은 여러 갈래로 갈라진 쪽을 아래로, 아네모네의 구근은 끝이 뾰족한 쪽을 아래로 향하게 하여 일정한 간격으로 배치한다.

3 배치가 끝난 상태
아네모네는 20개, 라넌큘러스는 10개 배치했다.

위쪽에 버미큘라이트를 넣는다

다시 버미큘라이트를 구근이 보이지 않을 정도로 위쪽에 얇게 뿌려준다.

모두 덮어준 다음 물을 준다

전체적으로 골고루 버미큘라이트가 약간 젖을 정도로 물을 준다. 대략 버미큘라이트를 만졌을 때 손에 수분감이 느껴질 정도.

발아를 시작한다

5에서 2주 후, 싹이 나오기 시작한다. 구근을 심었을 때의 크기보다 제법 크게 부풀어 올랐다.

싹이 계속 성장한다

5에서 3주 후, 아네모네의 싹이 더 빨리 성장하고 있다.

손으로 구근을 뽑아낸다

뿌리가 자라면 화분에 옮겨 심는다. 손으로 구근의 양옆을 잡고 천천히 뽑아낸다.

흙을 넣은 화분에 옮겨 심는다

미리 배양토를 넣어놓은 화분에 뽑아낸 아네모네의 구근을 배치해간다. 화분 크기에 맞춰 일정한 간격으로 구근을 배치한다.

위쪽에 흙을 넣는다

구근이 보이지 않을 정도로 위쪽에 배양토를 넣는다.

싹이 흙 위로 나오게 하여 관리한다

전체적으로 흙을 넣어준 다음 물을 흠뻑 주고 햇빛이 잘 드는 처마 밑에 놓아둔다.

잎이 자라기 시작한 상태

5에서 13주 후. 잎이 건강하게 자라고 있다.

한층 더 성장해 키가 커졌다

5에서 18주 후. 잎이 무럭무럭 자라고 꽃눈이 올라오기 시작한다.

꽃이 피기 시작한 상태

5에서 21주 후, 흰색 꽃이 개화. 꽃은 잇따라 개화하며 1개월 정도 즐길 수 있다.

method 03

구근을 심은 후의 관리 요령 알아두기

구근을 심는 것부터 꽃이 진 후의 처리까지.
화분 재배 구근의 기본적인 관리 방법을 소개합니다.

꽃이 만개한 상태

check 01

올바른 물주기 방법은?

기본적인 물주기 방법은
용토가 마르면 물을 흠뻑 주는 것

가을에 심는 대다수의 구근은 겨울에 비가 많이 내리는 지역에 자생한다. 싹이 자라기 시작하면 많은 양의 물이 필요하기 때문에 흙 표면이 마르면 물을 흠뻑 준다. 그러나 심은 직후에는 구근이 말라 있는 상태이므로 급격히 물을 흡수시키면 구근이 섞여버리는 경우가 있다. 2~3일은 흙의 습기가 스며들게 하고, 이후부터 물을 주기 시작한다. 발아하기까지 시간이 걸리는 구근은 그 존재를 잊어버리기 십상이다. 물주기를 잊지 않도록 알릿섬이나 비올라 등을 함께 심는 것도 좋은 방법이다.

봄에 심는 구근도 원칙적으로 용토가 마르면 물을 흠뻑 준다. 다만 품종이나 시기에 따라 물주기 방법이 다르므로 특성에 맞춰 물을 주도록 한다. 예를 들어 봄에 심는 다알리아는 더운 시기에 성장하므로 맑은 날은 아침, 점심, 저녁에 흙이 마르지 않도록 해야 한다.

화분 놓는 장소는 어디에?

추위를 경험해야
꽃눈과 줄기가 튼튼하게 자란다

가을에 심는 구근의 화분은 발아 전에는 얼지 않을 정도의 추운 곳에 놓아둔다. 싹이 나오기 시작한 후부터는 햇빛이 잘 드는 곳에 놓는 것이 기본이다. 대부분의 구근은 추위를 경험하지 않으면 꽃눈이나 줄기의 성장이 촉진되지 않는다. 꽃눈이 올라오기 시작하면 꽃을 감상하기 위해 실내에 들여놓아도 좋으나, 이듬해에도 같은 구근으로 꽃을 즐기고 싶은 경우에는 개화한 상태에서도 가능한 햇빛을 받게 하는 것이 좋다. 봄에 심는 구근은 한여름의 직사광선에 약한 경우가 많으니 한여름에는 직사광선이 차단된 장소가 좋다.

병충해 예방과 대책

생장을 저해하는 곰팡이나 해충에는
신속한 처리가 중요하다!

우선 구근을 구입할 때 곰팡이나 벌레 등이 붙어 있지 않은지 확인하는 것이 중요하다. 병을 예방하기 위해서는 구근을 심기 전의 살균(86쪽 참조) 처리가 효과적이다. 구근에는 눈에 잘 보이지 않는 '뿌리응애'라는 해충이 발생하는 경우가 있다. 뿌리응애 방제 방법으로는 유기인계 살충제의 일종인 아세페이트 과립을 사용하는 것이 좋다. 구근의 아래쪽에 살충제를 살짝 뿌리고 흙을 넣어 구근에 직접 닿지 않도록 한다.
또한 통풍이 안 되는 장소에서 과습 상태가 되면 모자이크병, 무름병, 흰가루병 등에 걸리기 쉽다. 진딧물이나 응애 등이 발생하면 즉시 전용 약제를 살포하여 확산을 방지하도록 한다.

시든 꽃은 떼어내고, 잘라낸다!

시든 꽃은
바로 제거하는 것이 기본

시들어버린 꽃을 그대로 두면 보기에도 좋지 않고, 병이 발생하는 원인이 되기도 한다. 라넌큘러스나 아네모네처럼 잇따라 개화하는 종류는 시든 꽃을 제거해주면 결실을 맺는 것을 억제하여 개화 기간이 길어진다. 또한 이듬해를 위해 구근을 살찌우는 경우, 씨를 맺어 구근이 소모되지 않도록 시든 꽃은 바로 잘라내고 잎을 키운다. 단 향기별꽃이나 설난, 제피란서스, 실라처럼 소형 구근은 크게 신경 쓰지 않아도 된다.

튤립의 성장 → 시든 꽃 제거 → 말라죽기까지

[성장]

구근을 심은 후 8㎝ 길이로 성장했다

구근을 심고 10일 후, 싹이 7~8㎝ 길이로 성장했다. 10개 심었는데 아직 싹이 나오지 않은 구근도 있다.

한층 더 성장해 10㎝ 길이로 성장

구근을 심고 11주 후, 싹이 모두 나오고 한층 더 성장했다. 길이는 10㎝ 정도가 되었다.

꽃봉오리가 달릴 정도로 성장했다

구근을 심고 12주 후, 꽃눈이 올라오기 시작하고 길이는 20㎝ 정도가 되었다.

4

꽃이 피었다!

구근을 심고 13주 후, 꽃이 만개했다. 10개 중에서 9개가 개화했다. 꽃은 10일 정도 즐길 수 있다.

[아름답게 개화]

5

꽃이 진 상태

구근을 심고 15주 후, 만개 후 1주일 정도 지나 꽃잎이 떨어지기 시작한다. 한 해만 즐길 경우에는 이대로 뿌리째 뽑아서 처분해도 된다.

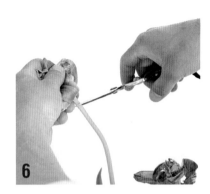

6

꽃목을 잘라 제거한다

이듬해의 구근을 키우고 싶은 경우, 꽃이 만개했을 때 꽃목을 잘라 꽃을 제거한다.

7

시든 꽃 제거가 끝난 상태

꽃목을 잘라 제거한 상태. 이대로 물을 계속 주면서 키운다.

8

잎이 누렇게 변하기 시작한다

구근을 심고 17주 후, 잎이 누렇게 변하기 시작한다. 잎이 모두 누렇게 변했을 때 구근을 캐낸다.

9

지상부가 시들어버린 상태

23주 후의 상태. 캐내지 않으면 지상부는 자연히 시들어버린다. 수확 시기를 놓쳐버리면 자구가 자라기는 하지만 비를 맞는 상태가 지속되면 썩어버린다.

`check 05`

'순지르기'를 해야 하는 식물이 있다

대륜 꽃을 피우기 위해
필요한 순지르기 작업

춘식 구근인 다알리아는 성장하면서 꽃눈이 많이 달린다. 그대로 두면 키가 지나치게 자라 모양이 흐트러지며 쓰러지기 쉽다. 또한 곁눈이 지나치게 많으면 작은 꽃만 피기 때문에 곁눈을 제거하여 정리해준 후 키운다.

다알리아는 춘식 구근으로 알려져 있지만 고온다습한 환경에 약하다. 그래서 기후가 서늘한 지역 이외에는 6월 중순 무렵에 심어 가을에 즐기면 무더위의 영향을 받지 않고 튼튼하게 자란다. 다알리아는 충분한 햇빛과 시원한 장소, 적절한 습기가 있는 흙을 좋아한다. 초봄에 심는 경우는 더운 시기에 개화기를 맞이하게 되므로 아침저녁으로 물을 충분히 주도록 한다. 꽃이 피기 시작하면 직사광선을 피할 수 있고 비를 맞지 않는 곳으로 옮겨놓도록 한다.

다알리아 심기 → 생장 → 개화 → 순지르기

[재료]

다알리아 구근

화분

배양토

화분 바닥돌

퇴비

풀이나 낙엽이 퇴적되어 저절로 발효된 것으로, 토양을 부드럽게 만들고 미생물의 활동을 촉진하여 뿌리의 발육을 좋게 한다.

완효성 고형 비료

[구근 심기]

1

배양토에 퇴비를 넣는다

심는 시기는 5월 상순. 시판용 배양토에 배양토의 10~20%의 퇴비를 넣어 잘 섞어준다.

2

흙을 넣고, 완효성 고형 비료를 넣는다

지름, 높이 모두 27㎝의 화분을 사용했다. 화분에 거름망을 넣고, 2㎝ 정도 바닥돌, 5㎝ 정도 배양토를 넣는다. 다시 퇴비와 완효성 고형 비료를 넣는다.

3

다시 배양토를 넣고, 구근을 놓는다

고형 비료 위에 흙을 5㎝ 정도 넣고, 구근을 가로로 놓는다.

4

흙을 넣는다

다시 배양토를 10㎝ 정도 넣는다.

발아 전 상태

구근을 심고 1주 후의 상태. 아직 발아하지 않았다.

잎이 성장하기 시작한다

구근을 심고 5주 후, 각각의 구근에서 싹이 나와 8㎝ 정도로 성장했다.

잎이 많아져 지지대를 세웠다

구근을 심고 7주 후, 싹이 자라서 버드나무 가지로 지지대를 세워주었다. 나뭇가지로 구근을 찌르지 않도록 주의한다.

[순지르기를 한다]

한층 더 성장한다

구근을 심고 9주 후, 길이는 50㎝ 정도로 성장했다. 이 정도의 크기가 되면 순지르기를 해준다.

불필요한 곁눈을 확인한다

대륜종이므로 제일 위쪽의 꽃눈 1개를 남기고 곁눈을 자른다.

곁눈을 가위로 잘라낸다

주축의 잎을 자르지 않도록 주의하며 곁눈의 줄기가 나온 부분에서 잘라낸다.

같은 방법으로 자른다

반대쪽 곁눈도 같은 방법으로 자른다

윗부분의 곁눈도 잘라낸다

위쪽에도 곁눈이 나오기 시작했으므로 같은 방법으로 자른다.

같은 방법으로 자른다

같은 방법으로 반대쪽 곁눈도 자른다.

순지르기 완료

순지르기가 모두 끝나고 끝부분의 꽃눈만 남았다.

왼쪽은 순지르기를 하지 않았다

정면에서 보아 오른쪽은 순지르기를 하고, 왼쪽은 순지르기를 하지 않고 그대로 두었다.

[개화까지]

꽃봉오리가 달린 상태

구근을 심고 10주 후, 꽃눈이 서서히 크게 부풀어 오르기 시작했다.

[순지르기를 한 줄기의 꽃]

대륜 꽃이 개화

순지르기를 한 쪽의 꽃은 지름이 10㎝ 정도가 되어 크게 벌어졌다. 두 번째 꽃도 다소 큰 편이다.

[순지르기를 하지 않은 줄기의 꽃]

송이가 작은 꽃이 개화

순지르기를 하지 않은 쪽은 각각 꽃눈은 부풀어 오르기는 했지만, 다소 꽃송이가 작다.

꽃이 피었다!

구근을 심고 12주 후, 순지르기를 한 쪽은 꽃이 크다. 순지르기를 하지 않은 쪽은 여러 개의 꽃눈이 자랐고 각각의 꽃송이가 작다.

웃거름 주는 방법

양분을 과도하게 공급하는 것은 금물!
적절한 양을 적기에 준다

비료를 과도하게 주면 강한 비료에 뿌리가 견디지 못해 손상되는 경우가 있다. 비료는 완효성 비료를 적게 주는 것이 기본이다. 미리 흙에 섞어주는 비료는 '밑거름', 심은 후에 주는 비료는 '웃거름'이라고 한다. 웃거름은 구근의 종류에 따라 액체 비료와 고형 비료로 분류하여 사용한다. 아마릴리스나 다알리아, 성장하면서 여러 개의 꽃눈이 올라오는 아

네모네 등은 흙 표면에 완효성 고형 비료를 놓아두도록 한다. 다른 종류는 뿌리나 잎이 성장하는 생육기와 꽃이 진 후에 구근을 살찌우는 시기에 1개월에 1~2회 희석한 액체 비료를 준다. 뿌리가 썩기 쉬운 키오노독사처럼 웃거름을 주지 않는 식물도 있다.

꽃이 진 후의 처리 방법

휴면기까지는 물과 액체 비료를 주어
구근을 살찌운다

꽃이 진 후 이듬해에도 꽃을 피우고 싶은 경우에는 잎이 건강할 때는 2~3주에 한 번 액체 비료를 주며 그대로 키운다. 일반적으로는 지상부가 완전히 시들면 물을 주지 않고, 흙이 마르면 캐낸다. 가을에 심는 구근은 더워지기 전에 잎이 누렇게 변하여 휴면하고, 봄에 심는 구근은 가을에 서늘해지면 잎이 누렇게 변한다.

실라, 향기별꽃, 설강화, 아네모네 블란다 등의 소형 구근의 일부는 캐내지 않고, 물을 주지 않고 화분에서 그대로 휴면시켜 이듬해의 적절한 시기에 물을 주기 시작한다. 봄에 심는 아마릴리스도 캐내지 않는다. 잎이 누렇게 변하면 물을 주지 않고 따뜻해질 때까지 화분에서 그대로 휴면시킬 수 있다.

아마릴리스의 경우

[구근 심기부터 성장 과정까지]

1 손상된 뿌리를 제거한다
심는 시기는 5월 상순. 아마릴리스 '리모나'의 구근. 심기 전에 말라버려 손상된 뿌리를 제거한다.

2 화분에 흙을 넣는다
거름망을 깔고, 바닥돌을 깔아준 다음 배양토를 화분의 2/3 높이까지 넣는다.

3 구근을 놓는다
구근을 놓고, 구근의 2/5 위쪽 부분이 나올 정도로 배양토를 더 넣어준다.

고형 비료를 준다

흙 표면에 완효성 고형 비료를 놓는다.

구근 심기가 끝난 상태

예쁘게 꾸며주기 위해 물 공간에 털깃털이끼를 얹어 흙을 가려준다.

아름다운 꽃이 피었다!

구근을 심고 4주 후, 길이가 50cm 정도 되고 꽃이 만개했다.

꽃이 진 상태

구근을 심고 6주 후, 꽃이 진 상태. 이듬해를 위해 꽃줄기를 자른다.

잎이 자라고, 꽃줄기의 밑동을 자른다

꽃줄기의 밑동 부분에서 잎이 잘리지 않도록 주의하며 꽃줄기를 자른다.

이대로 다음 해의 생장을 기다린다

잎만 많이 자랐다. 이대로 햇빛이 잘 드는 장소에 놓아두고 잎이 누렇게 변할 때까지 관리한다.

[아마릴리스가 씨를 맺으면]

꽃이 진 후 꽃줄기를 자르지 않고 방치해두면 결실을 맺는 경우가 있다.

주머니 안에는 한 꼬투리에 50개 정도의 씨가 있다. 씨는 날아갈 수 있도록 바람에 날리기 쉬운 구조로 되어 있다.

보관할 경우에는 그늘에서 건조시킨다. 따뜻한 시기에 파종하면 약 1개월 후에 발아하고, 3년 후 쯤에 꽃이 핀다.

꽃이 진 후 구근을 캐내자!

종류나 특성에 따라 다른 꽃이 진 후의 구근 보관 방법

글라디올러스, 수선화 등의 구근은 캐내어 흙이 묻은 채 건조시킨 다음 묵은 뿌리나 흙을 제거한 후 보관한다. 아네모네는 물로 흙을 깨끗이 씻어내고, 가능하면 살균 처리를 한 후 그늘지고 통풍이 잘되는 곳에서 딱딱해질 때까지 건조시켜서 보관한다. 나리처럼 캐내어 건조시키면 소멸되어 버리는 구근은 화분에 심은 채 그대로 두고, 이듬해 가을에 일찍 캐내어 옮겨 심도록 한다. 다알리아처럼 추위와 건조에 약한 종류는 캔낸 후, 마른 버미큘라이트 등에 묻어 실내에서 보관한다.

ⓐ 무스카리의 경우

[꽃이 진 후의 처리]

1 꽃이 진 직후
4월 중순, 51쪽의 수경 재배 후에 흙에 옮겨 심은 무스카리. 햇빛이 잘 드는 곳에 놓아두고, 2주에 한 번 액체 비료를 주며 관리한다.

2 잎이 누렇게 변하기 시작한 상태
옮겨 심고 9주 후, 잎이 많아졌고, 잎이 누렇게 변하기 시작했다.

3 모종삽으로 구근을 캐낸다
모종삽으로 구근에 상처가 나지 않도록 주의하면서 조심스럽게 캐낸다.

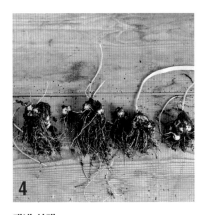

4 캐낸 상태
화분 한 개에 들어 있던 구근을 캐낸 상태. 이대로 씻지 않고 어느 정도 건조시킨 다음 흙을 털어내도 된다.

5 씻어서 흙을 제거한다
건조시키지 않고 그대로 물에 씻은 구근. 모구는 살쪄 있고, 자구가 각각 달려 있다.

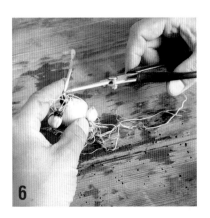

6 잎을 가위로 자른다
조금 남아 있는 잎을 잘라낸다.

7 자구를 떼어낸다

다음 해에 심기 위해 자구를 떼어낸다.

8 뿌리를 자른다

모구의 뿌리를 자른다.

9 어미 구근과 새끼 구근으로 나눈다

처리가 끝난 것. 자구는 이듬해에는 꽃이 달리지 않으나 2,3년 키우면 꽃눈이 달리게 된다.

10 살균하기 위한 준비를 한다

살균제 또는 규산염백토를 준비한다.

11 살균제를 뿌린다

구근 전체에 살균제를 뿌려서 묻혀준다.

12 망에 넣어 보관한다

망에 넣어 그늘에서 말려 완전히 건조되면 통풍이 잘되는 그늘지고 서늘한 장소에 보관한다.

ⓑ 튤립의 경우

[캐내기 작업]

1 지상부가 시들어버린 상태

106쪽의 화분에 심은 튤립의 구근을 캐내어본다.

2 모종삽으로 캐낸다

모종삽으로 캐내어보니 구근의 개수가 줄고 크기도 작아졌다.

3 구근을 골라낸다

구근을 촘촘히 심거나, 적기에 캐내지 않아서 썩어버린 구근이 많다.

구근은 어떤 방법으로 증식할까? 증식시킬까?

5가지 형태별로 다른
증식 방법과 개화까지의 과정

구근은 5가지 형태별로 증식 방법이 다르다(82쪽 참조). 비늘줄기인 무스카리와 수선화는 모구가 커지고 자구까지 달려 이듬해에도 개화하기 쉬우며, 분리한 자구를 1~2년 키우면 꽃이 피는 모습을 즐길 수 있다.

한편 같은 비늘줄기인 튤립은 자구는 형성되지만 모구는 소멸한다. 자구의 크기가 꽃을 피우기에는 너무 작기 때문

에 이듬해에는 꽃이 피지 않거나 꽃이 피어도 매우 작다.

알줄기인 글라디올러스, 프리지아도 모구는 소멸되고, 그 위에 새로운 구근이 형성된다. 건강하게 자라면 옆에 '목 자木子'라고 부르는 작은 새끼 구근이 생긴다. 그것을 떼어 내서 옮겨 심으면 이듬해 이후에 꽃이 핀다.

ⓐ 어미 구근과는 따로, 저절로 분리된다

비늘줄기의 증식 방법

자구나 목자로 증식한다

비늘줄기인 무스카리나 히아신스는 잎에서 만든 양분을 지하로 보내 모구(본래의 구근)가 비대해짐과 동시에 일부는 모구 옆에 자구가 형성된다.그리고 또 자구 옆에 '목자木子'라고 부르는 한층 더 작은 구근이 형성되며 증식해나간다.

*분구分球: 식물 번식법의 하나로 구근 종류에서 자연적으로 구근이 나뉘어 그 수가 많아지는 과정을 말한다. 인위적으로 나누는 경우도 있다.

● 아이리스의 경우

꽃이 피어 있던 상태
가을에 심은 아이리스가 4월에 개화하여 일주일이 지나 꽃이 지기 시작한다.

캐낸 구근
꽃이 진 아이리스의 구근을 캐낸 상태.

분구한 구근
겉껍질을 벗기면 분구*한 상태이며, 비늘줄기 특유의 분구 방법으로 증식했다. 알줄기와는 증식 방법이 다르다.

● 튤립의 경우

분구한 모습
수경 재배로 키운 튤립의 구근. 그대로 계속 키운 튤립의 구근은 분구하여 자구가 형성되었다.

● 무스카리의 경우

자구, 목자가 형성된 모습
어미 구근은 이듬해에 심으면 꽃이 핀다. 자구는 꽃을 피우려면 심었다가 캐어내기를 여러 해 반복해야 한다.

모구는 없어지고
자구와 목자가 달린다

알줄기인 글라디올러스나 크로커스는 개화
후 지상에서 만든 양분을 모구의 위쪽 줄기에
비축하고 모구는 소멸한다. 그 부분의 줄기는
둥근 형태로 비대해지고, 껍질 속에서 여러
개의 자구가 형성된다. 자구의 옆에는 한층
더 작은 목자가 형성되며 증식해나간다.

● 글라디올러스의 경우

[개화부터 분구]

꽃이 피어 있는 상태

구근을 심고 13주 후에 만개한 글라디올러스.

시든 상태

구근을 심고 17주 후. 잎이 누렇게 변하기 시작했
다. 꽃줄기는 꽃이 진 후에 잘라낸다.

꽃이 피어 있던 상태

더위에 노출되어 꽃줄기는 굽어버렸으나 대륜 꽃은
건강하게 피어있다.

모구와 자구로 나뉜다

줄기가 비대해지고, 새로운 자구가 포기의 밑동에
형성되기 시작한다.

캐낸 구근

글라디올러스의 자구를 자른 단면. 2개로 나뉘기
시작했다. 알줄기이므로 줄기가 비대해진 것을 알
수 있다. 아래쪽 갈색 부분은 남아 있는 모구. 목자
는 형성되지 않았다.

ⓑ 구근은 분리되지 않고 눈이 늘어난다

뿌리줄기와 덩이줄기는 분구하지 않고 모구가 커지면서 번식한다

뿌리줄기인 독일붓꽃, 중국붓꽃, 자란은 구근이 한 개씩 분리되지 않고, 구근 전체가 커지면서 눈芽이 증식한다. 따라서 포기를 늘리고 싶은 경우에는 캐낸 구근을 잘라 나누어 분구한다. 덩이줄기인 시클라멘도 구근이 갱신되지 않고 해마다 모구가 커져서 꽃눈이 증식한다. 또한 원종계 튤립의 일부는 '기는줄기'라고 부르는 뿌리가 뻗어 그 끝에 새로운 구근을 형성하는 것도 있다.

ⓒ 주아로 증식한다

천천히 시간을 들여 주아나 자구, 목자로 증식시킨다

씨눈이나 씨앗이 아닌 뿌리, 줄기, 잎 등에서 다음 세대가 번식하는 방법을 '영양번식'이라고 한다. 주아珠芽는 그 중 하나이며, 지상부의 줄기 밑동, 땅에 가까운 부분 등에 형성되는 구근 같은 것이다. 참나리나 카사블랑카 등의 일부 나리류나 글라디올러스 등에 형성된다. 크기가 커지면 자연적으로 분리되어 흙에 심으면 싹이 나와 생장하는데, 꽃이 피기까지는 3~4년이 걸린다. 목자木子는 땅속의 줄기 밑동이나 분구로 증식한 자구에 달리는 한층 더 작은 구근이다.

ⓓ 그 밖의 증식 방법에 대해서

시간은 걸리지만 씨앗부터 키우는 것도 가능하다

구근으로 증식하는 식물도 꽃이 진 후에는 씨를 맺으므로 씨앗을 파종하여 키울 수 있다. 무스카리나 실라, 아마릴리스는 씨앗을 파종하고 3년 정도 후에 개화한다. 자연 분구하지 않는 시클라멘은 씨앗으로 증식시킨다. 또한 잎이 있는 시기에 구근의 상부를 1/3 정도 잘라낸 다음 잎 1~2 장에 구근의 일부까지 함께 잘라내어 버미큘라이트에 꽂는 '잎꽂이' 방법이나, 남은 2/3 구근의 절단면에 십자 모양의 칼집을 내어 증식시키는 방법도 있다.

또한 나리 종류의 경우는 '비늘꽂이'라고 하는 방법이 있다. 축축한 버미큘라이트에 비늘조각을 한 장씩 꽂아 비닐봉지 등을 씌워 관리하면 비늘조각 끝에 자구가 형성된다. 이외에도 '스쿠핑Scooping'이라고 하여 구근의 밑부분을 도려내어 비늘줄기의 희소종 자구를 증식시키는 방법이나, 네리네처럼 분구가 잘 이루어지지 않는 구근을 세로로 6등분하여 나눈 것을 버미큘라이트에 꽂는 '치핑chipping' 방법도 있다.

method 04

화분에 키운 구근식물을 실내에 놓고 마음껏 즐기자

유통량이 적고 키우기 까다로운 전문가용 구근은 꽃이 핀 화분을 구입하여 즐기는 것도 좋은 방법입니다. 실내 인테리어에 맞춰 세련되게 장식해보세요.

구근의 꽃 화분을 구입해 매력적인 꽃을 마음껏 즐긴다

구근을 흙에 심어서 키우는 즐거움은 생장 과정을 지켜볼 수 있다는 것이다. 정성껏 키운 구근에 꽃이 피면 기쁨이 배가된다. 다만 구근 중에 일반 가정에서 키우기에는 관리하기가 까다로운 것도 있고, 구근 상태로는 유통하지 않는 품종도 있다. 또한 바쁜 일상 속에서 식물 관리에 시간을 할애할 수 없는 사람도 많을 것이다.
1월 즈음이 되면 온실에서 촉성 재배한 사랑스러운 봄 개

화종 구근의 꽃 화분이 유통되므로 그것을 구입하여 즐기는 것도 좋은 방법이다. 온실에서 자란 것이 많으므로 갑자기 추운 실외에 놓지 말고, 화분 커버 안에 넣거나 화분 받침을 사용하여 실내의 햇빛이 잘 드는 장소에 장식해 놓는 것이 좋다. 난방기의 온기가 직접 닿지 않는 곳에 놓으면 비교적 오랫동안 꽃을 즐길 수 있고, 이른 봄기운을 느낄 수 있을 것이다.

Pattern 01

라넌큘러스
[Ranunculus]

꽃잎이 반들반들 빛나는 라넌큘러스 '락스 무사'.
도기 포트를 화분 커버로 이용하고, 식물의 아래쪽
에는 흙을 가리기 위해 털깃털이끼를 덮어주었다.

꽃잎에 광택이 있는 종류 중의 하나인 라넌큘러스의 '락스 시리즈'.
여리게 생긴 모습과는 달리 튼튼하고 꽃이 잇따라 피어 2개월가량 즐길 수 있다.

보라색 라넌큘러스를 화분 받침을 깔은 화분에 심은 채로 모로코산 바구니에 넣었다. 벽에 걸어 생활 공간을 화사하게 꾸며보자.

칼라

[Zantedeschia]

칼라는 건조한 장소를 좋아하
는 종류와 습지를 좋아하는
종류가 있다. 사진은 습지성인
칼라 '에티오피카' 마른 흙을
좋아하는 건지성은 잎이 뾰족
하고, 꽃 색은 분홍색이나 노
란색 등이 있다.

습지성은 노지 재배에 적합하다.
일본 간토 이서 지역에서는 정원
에 한 번 심으면 심은 채 그대로
두고 키울 수 있다.

튤립 '블루 다이아몬드'는 장미
형 겹꽃 품종이다. 튤립 화분은
12월 하순에서 3월 중순 사이
에 시장에 유통된다.

야자나무로 짠 바구니를 화분 커버로 사용했다. 꽃 화분을 구입할 때는 꽃눈에 살짝 꽃 색이 감돌기 시작한 것을 고르면 오랫동안 즐길 수 있다.

Pattern 03

튤립
[Tulip]

Pattern 04
프리틸라리아
[Fritillaria]

중국패모. 구근이 고온 건조한 환
경을 싫어하므로 따뜻한 지역에
서는 생육이 어렵다.

중국이 원산지이며, 일본에서는 삿갓을 닮았다고 하여 '아미가사유리編笠合, 삿갓나리'라고 부른다. 구근은 한방 약재로써 진해鎭咳, 거담祛痰, 이뇨利尿 등의 약효로 사용된다.

사두패모. 다른 화분에 있던 것을 철제 화분에 옮겨 심고 가는흰털이끼를 흙 위에 덮어주었다. 고온 다습한 환경에 약하므로 꽃이 진 후에 잎이 누렇게 변하면, 그늘지고 서늘한 곳에서 약간 수분을 머금은 상태로 보관한다. 가을에 캐내어 새로운 흙에 옮겨 심으면 이듬해에도 즐길 수 있다. 구근이 건조해지지 않게 하는 것이 중요하다.

구근 모종을 사용해
화려함을 만끽할 수 있는 모둠 화분 만들기

좋아하는 구근 꽃을 한데 모아 나만의 특별한 모둠 화분을 만들어 즐겨보세요.
초봄의 정원을 축소해 놓은 듯한 매력적인 화분 하나가 탄생할 거예요.

ⓐ **튤립과 무스카리의
옐로 바스켓**

튤립 '폭시 폭스트롯', 벨레발
리아 '그린 펄', 흰색 무스카리
보트리오이데스 '알바', 노란색
송이형 수선화의 모둠 화분. 흙
위에는 털깃털이끼를 전체적으
로 깔아주었다.

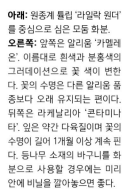

아래: 원종계 튤립 '라일락 원더'를 중심으로 심은 모둠 화분.
오른쪽: 앞쪽은 알리움 '카멜레온'. 이름대로 흰색과 분홍색의 그러데이션으로 꽃 색이 변한다. 꽃의 수명은 다른 알리움 품종보다 오래 유지되는 편이다. 뒤쪽은 라케날리아 '콘타미나타'. 잎은 약간 다육질이며 꽃의 수명이 길어 1개월 이상 계속 핀다. 등나무 소재의 바구니를 화분으로 사용할 경우에는 미리 안에 비닐을 깔아놓으면 좋다.

왼쪽 페이지의 튤립은 생화 전문점에서 구입할 수 있는 구근이 달린 절화를 사용했다. 물론 화분에 있는 꽃눈이 달린 구근을 씻어서 실내에 장식해 놓아도 된다. 모둠 화분과 화병 꽃이로도 즐길 수 있다.

ⓑ 원종계 튤립이
   주연인 모둠 화분

내추럴한 소재로
산뜻한 봄빛이 감도는 모둠 화분을

싹이 튼 구근 모종이나 꽃이 핀 구근 화분을 이용하면 초보자도 손쉽게 봄 분위기의 모둠 화분을 만들 수 있다. 화분도 엄선하여 등나무 소재의 바구니로 자연스러운 분위기를 연출했다. 봄을 닮은 연한 꽃빛깔과의 조화가 돋보인다. 모종을 불규칙하게 배치하면 자연스러운 인상을 주지만, 산만해 보이기 쉬우므로 잎이 큰 튤립이나 히아신스는 뒤쪽에 배치하도록 한다. 또한 화분이 얕은 경우에는 키가 작은 품종을 선택하면 귀엽고 균형감 있는 모둠 화분을 만들 수 있다. 털깃털이끼 대신 왈렌베르기아나 프라티아처럼 이른 봄부터 융단 형태로 퍼지며 자라는 모종을 함께 심어도 좋다.

ⓒ 알리움과 블루벨의
로맨틱 바스켓

금목서나 회양목 등의 상록수
에 둘러싸인 정원. 정원 한 모퉁
이에 얼룩무늬 아이비로 뒤덮인
가제보gazebo 옆에서 즐기는 티
타임. 알리움 '카멜레온'과 스페
인 블루벨의 모둠 화분이 멋을
더해준다.

꽃들이 만개하여 매우 아름답다. 다음 해에도 꽃을 피우고 싶다면, 꽃이 진 후 새로운 흙을 넣은 화분에 뿌리가 손상되지 않도록 조심히 옮겨 심어 잎이 무성하게 자라도록 키운다. 모두 소형 구근이며, 소형 구근은 화분에 심은 채 그대로 재배하는 것이 좋다. 잎이 시들면 물을 주지 말고, 비를 맞지 않도록 처마 밑에 놓아두고 관리한다. 11월 무렵에 물을 주기 시작하면 다시 활동을 시작하여 눈이 생장하기 시작한다.

작은 정원을 아름답게 장식하는 노지 재배

나름의 방식으로 쉬지 않고 무럭무럭 자라서
식재 포켓이나 정원의 한 모퉁이를 아름다운 꽃으로 환히 밝혀줍니다.
심고, 꽃이 피고, 수확하는 구근의 묘미를 느낄 수 있습니다.

Chapter 03

아틀리에 정원에 심은 구근들이 만개했다. 구역별로 다른 종류를 심고 연한 파스텔 색상으로 통일했다.

노지 재배로 설렘 가득한 구근식물 미니 정원 만들기

아직 초목이 우거지지 않은 4월의 정원에서 화사하게 만개한 튤립과 수선화.
초봄은 식물들이 어서 자라기만을 손꼽아 기다리는 시기이다 보니 다른 꽃보다 일찍 피는
구근식물을 보면 마음이 설레는 시기이기도 합니다.

위: 트라이엄프계 튤립 '실버 클라우드'. 트라이엄프계는 조생홑꽃종과 만생홑꽃종의
교배로 만들어진 계통. 품종수가 가장 많다. 홑꽃잎은 연보라색이며 '흑축黑軸'이라고
부르는 검은색 줄기가 특징이다. **아래:** 종 모양의 꽃이 달리는 은방울수선화. 매우 튼
튼하여 여러 해 동안 방치해 두어도 매년 개화한다. 포기가 무성해지면 잎이 누렇게
변할 즈음 캐내어 포기나누기로 구근을 나눈다.

구근에서 낙엽수와 숙근초의 신록으로 시차를 두고 아름답게 물드는 작은 정원

가을에 심는 구근은 낙엽수나 숙근초가 휴면에 들어가 정
원이 허전해 보이는 시기에 싹을 틔운다. 햇살을 듬뿍 받
은 튤립과 수선화는 개화기에 접어들어 이른 봄 정원의 주
인공이 된다. 꽃이 진 후에 잎이 자라면 다소 볼품없어지
만, 그때쯤에는 다른 식물의 잎이 무성해져서 잘 드러나지
않는다.
이후 정원의 신록이 짙어질 즈음에는 구근의 지상부가 시
들어버린다. 구근식물과 낙엽수, 구근과 숙근초처럼 같은
공간에 생장 주기가 다른 식물들을 섞어 심으면 정원이 좁
아도 효율적으로 다양한 종류의 식물을 즐길 수 있다.

가을에 심는 구근식물의 종류와 특징

프리지아나 라넌큘러스 등의 일부 종류를 제외하고 가을에
심는 구근은 추위에 강하므로 적당한 온도와 습도가 유지
되는 노지 재배에 적합하다. 수국이나 빈도리 등 관목 주변
에는 수선화나 블루벨, 무스카리를 심는다. 낙엽 교목 밑에
는 설강화나 실라 등을 심으면 좋다.

봄에 심는 구근식물의 종류와 특징

봄에 심는 구근은 종류에 따라 심는 장소나 관리 방법이 다
른 것도 있지만, 전반적으로는 한여름의 고온 다습한 환경
이나 강한 햇볕에 약한 식물이 많다. 노지에 심는 경우 한
여름에는 나무 그늘이 지는 장소를 선택하고, 흙에 퇴비나
토양 개량제를 섞어 물 빠짐이 원활하게 한다.

여름에 심는 구근식물의 종류와 특징

여름에 심는 구근은 정원의 관목과 매우 잘 어울린다. 꽃이
적어지는 늦여름에서 초가을 사이에 홀연히 꽃줄기만 올라
와 꽃을 피우기 시작한다. 꽃이 지는 초가을에는 잎이나 싹
이 자라기 시작하여, 겨울 동안 싱그러운 초록 잎이 무성해
진다. 수선화과 종류가 많은 것도 특징적이다.

밑가지가 없는 낙엽 관목인 캘리포니아 라일락 밑에 심었다. 폭이 좁은 벽 쪽이라도 햇빛이 잘 들면 꽃이 탐스럽게 핀다.

손질을 전혀 하지 않은 정원인데 2년 전에 구근 3개를 심은 은방울수선화가 매년 성장하여 60㎝ 정도의 큰 포기가 되었다. 튤립은 오랫동안 충분히 꽃을 피우고 나면 이듬해에는 개화하기 어렵다.

4월 상순 아틀리에의 정원. 12월에 심은 수선화 '마운트 후드'가 낙엽성인 중국댕강나무 밑에서 만개했다.

구근식물을 정원에 심어 성취감을 느껴보자

구근을 노지에 심는 매력은 수경 재배나 화분 재배와는 달리
한층 더 자연스러운 풍경을 만들 수 있다는 것입니다.
존재감 있는 구근을 심어 저마다의 개화기를 아름답게 연출해보세요.

Planting 01

구근을 심기 전에 알아두어야 할 사전 지식

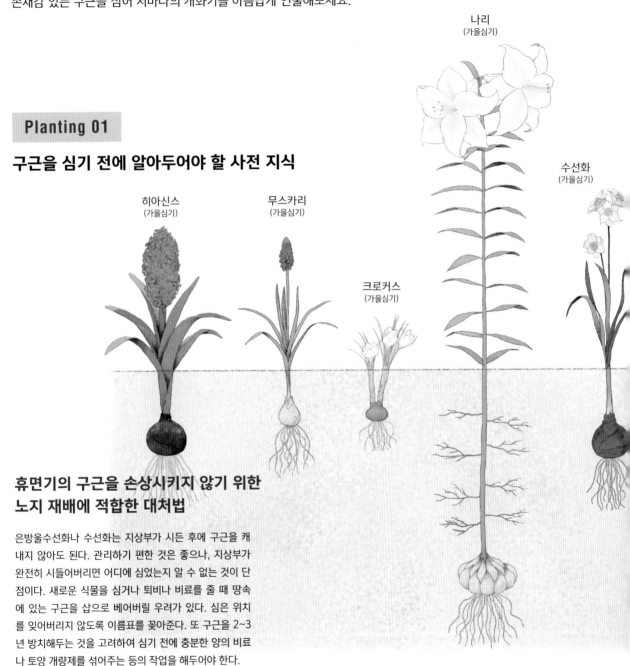

나리
(가을심기)

수선화
(가을심기)

히아신스
(가을심기)

무스카리
(가을심기)

크로커스
(가을심기)

휴면기의 구근을 손상시키지 않기 위한
노지 재배에 적합한 대처법

은방울수선화나 수선화는 지상부가 시든 후에 구근을 캐
내지 않아도 된다. 관리하기 편한 것은 좋으나, 지상부가
완전히 시들어버리면 어디에 심었는지 알 수 없는 것이 단
점이다. 새로운 식물을 심거나 퇴비나 비료를 줄 때 땅속
에 있는 구근을 삽으로 베어버릴 우려가 있다. 심은 위치
를 잊어버리지 않도록 이름표를 꽂아준다. 또 구근을 2~3
년 방치해두는 것을 고려하여 심기 전에 충분한 양의 비료
나 토양 개량제를 섞어주는 등의 작업을 해두어야 한다.

화분 심기와 노지 심기의 차이점

노지 심기는 화분에 심는 것보다 깊게 심는다!
구근 크기의 2~3배를 기준으로

나리나 아마릴리스의 일부를 제외하고 노지에 심을 때는
구근 크기의 2~3배 깊이를 기준으로 심는 것이 기본이다.
화분에 심는 경우는 흙의 양이 한정되어 있으므로 뿌리의
생육 공간이 조금이라도 넓어지도록, 노지에 심는 것보다
얕게 심는다. 네리네나 일부 키르탄서스 등은 한국의 기후
에는 노지 재배에 적합하지 않은 것도 있다.

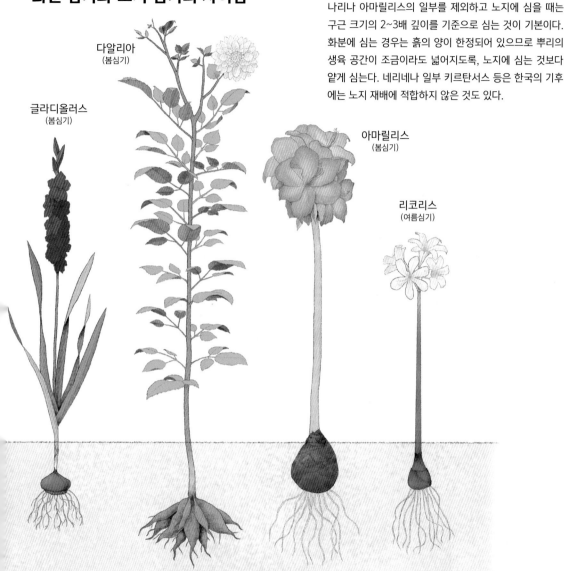

글라디올러스
(봄심기)

다알리아
(봄심기)

아마릴리스
(봄심기)

리코리스
(여름심기)

노지에 심을 때 유용한 도구

파종용 구멍을 적절한 크기로 팔 수 있는
구근 파종기가 있으면 유용하다

식물 사이에 심는 등 다른 식물의 뿌리가 뻗어있는 공간에
구근을 심을 때 편리한 것이 구근 파종기(84쪽 참조)이다.
모종삽으로는 구멍을 파기가 어렵고, 일반 삽을 사용하면
다른 식물의 뿌리에 상처를 낼 수 있다. 반면에 구근 파종
기를 이용하면 적당한 크기로 구멍을 팔 수 있다. 넓은 면
적에 작은 구근을 대량으로 심을 경우에는 일일이 구멍을
파지 말고 구근을 흩뿌려놓고, 그 위에 전체적으로 흙을
덮어주는 방법도 있다.

가을에 심는 식물부터 심는다

가을에 심은 구근은 땅속에서 겨울을 나고, 초봄부터 잇따라 꽃을 피우기 시작합니다.
정원이 형형색색 아름다운 꽃으로 물드는 그날을 상상하며 구근을 심어보세요.

Autumn 01　정원에 심고 싶은 구근 준비하기

Area A

심고 싶은 구근을 배치한다
튤립 '화이트 밸리', 나리의 구근을 포장된 상태 그대로 놓고 꽃의 색상, 꽃의 크기, 배열 방법 등을 생각하며 배치 위치를 정한다.

포장 용기에서 꺼내 심는다
구근을 포장 용기에서 꺼내 성장한 후의 크기를 고려하여 구근과 구근 사이에 간격을 두고 1개씩 배치한다. 튤립은 구근의 2, 3개 크기를 기준으로 하여 균일한 간격으로 배치한다. 나리는 공간의 배경이 되도록 뒤쪽에 배치했다.

Area B

건물 외벽을 따라 배치한다
알리움 '파우더 퍼프'나 튤립 '실버 클라우드'의 구근은 포장된 상태 그대로 배치한다. 폭이 좁은 편이므로 그룹을 지어가며 가로로 배열한다.

포장 용기에서 꺼내 심는다
포장 용기에서 구근을 꺼내 성장한 후의 크기를 고려한 간격으로 구근을 놓는다.

다양한 종류의 구근을 심어
꽃의 관상 기간을 오래 유지한다

가을에 심는 구근은 싹이 트고 시들 때까지의 기간이 짧기 때문에 정원에서는 조연 역할을 하는 경우가 많다. 그러나 개화기가 서로 다른 구근을 같은 장소에 함께 심으면 관상 기간이 길어지고, 개화기가 겹치면 화려하고 아름다운 공간이 된다. 같은 장소에 여러 가지 종류를 함께 심을 경우,

개화기가 이른 것은 작은 품종을 선택하고 개화기가 늦을수록 큰 품종을 선택하면 나중에 개화한 꽃이 먼저 개화한 구근의 잎이나 줄기에 가려지는 것을 방지할 수 있다. 구근의 포장지에 있는 사진을 보면서 어떻게 조합할지를 생각해보는 것도 매우 즐겁다.

Other area

다른 장소에도 같은 작업을 한다
원종계 튤립을 한데 모아 배치한다. B구역도 폭이 좁으므로 외벽을 따라 심는다.

Autumn 02   **구근을 심을 구멍을 파고, 구근 심기**

ⓐ 작은 구근의 경우

구근 2, 3개 크기의 구멍을 판다
모종삽은 직각으로 세워서 사용하고, 구근 2~3개 크기의 깊이로 구멍을 판다.

구근을 구멍 안에 놓는다
구근의 위아래를 꼼꼼히 확인하고 놓는다. 튤립은 뾰족한 쪽이 위로 향하게 놓는다.

구멍에 구근을 넣은 상태
어디에 구근을 심었는지 알 수 있도록 구근을 모두 구멍에 넣은 후에 흙을 덮는다.

위쪽을 흙으로 덮는다
구근을 모두 구멍 안에 배치한 다음 위쪽을 흙으로 덮어준다.

흙으로 완전히 덮어 고르게 펴준다
전체적으로 흙을 고르게 펴서 평평해지게 한 후 위치를 표시할 이름표를 흙에 꽂아준다.

이름표를 이용한다
어디에 무엇을 심었는지 알 수 있도록 식물 이름표 등을 꽂아 이름을 적어놓으면 좋다.

ⓑ 큰 구근의 경우

모종삽으로 20㎝ 정도의 구멍을 판다

모종삽은 직각으로 세워서 사용하고, 나리 구근의 3배 정도의 크기로 구멍을 판다. 깊이는 구근의 종류에 맞춰 조절한다.

구근을 넣는다

구근의 양옆을 잡고 뿌리를 펴주면서 1에서 판 구멍 안에 놓는다.

구근을 넣은 상태

구근을 놓은 다음 흙으로 덮어준다. 나리는 깊이 심지만, 큰 구근이라도 알리움 기간테움이나 시클라멘은 얕게 심는다.

ⓒ 구역별 구근 심기 완료

Area A

전체적으로 구멍을 파고, 구근을 모두 배치한 상태. 상단 사진의 나리는 오른쪽 위에 배치되어 있다.

위쪽을 흙으로 덮고, 흙을 전체적으로 고르게 펴준 상태. 물을 뿌릴 필요는 없다.

Other area

다른 구역도 흙을 고르게 펴주고 필요에 따라 식물 이름표를 꽂아준다. 이곳에는 크로커스, 알리움, 튤립을 심었다.

원종계 튤립 투르게스타니카를 한데 모아 심었다.

수선화와 크로커스를 심었다. 같은 장소에 알릿섬이나 비올라 등의 한해살이 화초를 심어도 좋다.

노지에 심을 경우 주의 사항과 관리 방법

수경 재배, 화분 재배, 노지 재배는 생육 환경이 다릅니다.
구근식물을 노지에 심을 때의 관리 방법과 주의 사항을 익혀두세요.

Caution 01　구근을 심은 후의 물주기 방법

심는 시기와 구근의 종류에 따라 다른 물주기 요령

가을에 기본적으로 노지에 심은 구근에는 물을 주지 않아도 된다. 단 겨울철 비가 적게 내려 건조한 상태가 지속될 경우에는 가끔 물을 준다. 뿌리는 겨울에도 생장하므로 지나치게 건조하면 생육 상태가 나빠지기 때문이다. 특히 튤립처럼 물을 좋아하는 종류에는 물을 흠뻑 준다. 봄에 노지에서 구근을 심은 경우에는 여름철 고온기에 건조해지므로 땅의 온도가 낮은 아침이나 저녁에 물을 흠뻑 준다.

Caution 02　시판용 구근의 설명서 보는 방법

개화기와 풀길이를 확인해 식재와 생육 관리에 참고한다

원예 전문점이나 대형 마트에서 판매하는 구근은 대부분 개화했을 때의 사진이 있는 두꺼운 라벨지가 있고, 그물망 주머니에 들어 있다. 라벨지 뒷면에는 개화기나 풀길이, 학명이 적혔있고, 심을 때의 깊이나 용토, 재배 방법 등의 설명이 적혔있다. 이름의 유래, 원산지의 기후 등이 적혀 있는 것도 있다. 같은 종류라도 품종에 따라 재배 방법이 다른 경우가 있으므로 설명을 참고하여 적절한 방법으로 관리하도록 한다.

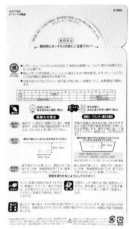

구근의 크기에 비해 키가 크게 자라는 알리움이나 크로커스처럼 조기 개화종이나 만기 개화종이 있는 품종은 꽃을 피우고 싶은 개화기나 장소에 맞춰 선택한다.

Caution 03　노지 재배에 적합한 비료 주기와 관리 주의 사항

생육기에는 희석한 액체 비료를 주고 시든 꽃을 제거해 병해를 예방한다

추식 구근, 춘식 구근 모두 생육기에는 2~3주에 1회 웃거름으로 1000배 이상으로 희석한 액체 비료를 준다. 나리나 튤립 등은 꽃이 지면 시든 꽃을 빨리 제거해주도록 한다. 방치하면 꽃잎에 곰팡이가 발생하여 병이 확산될 우려가 있다. 가위로 병원체가 전파되지 않도록 손으로 꽃목을 비틀어 떼어낸다. 다알리아나 라넌큘러스는 가위를 사용해도 괜찮다.

향기별꽃, 은방울수선화 등은 여러 해 심은 채 그대로 두어도 된다. 단 꽃달림이 나빠지면 잎이 누렇게 변했을 때 포기나누기를 해준다.

가을에 심은 식물이 꽃 필 때까지

가을에 심은 구근은 땅속에서 겨울의 추위를 겪고, 초봄에 싹을 틔워 무럭무럭 성장합니다.
그리고 봄 햇살을 듬뿍 받으며 연이어 아름다운 꽃을 피웁니다.

Bloom 01　　Area [A] 식물들

튤립 '화이트 밸리' 의 개화

구근을 심고 13주 후의 상태

싹이 나와 길이가 10cm 정도로 자랐다. 개체별로
차이가 있어 싹의 크기는 일정하지 않다.

한층 더 성장해 길이가 20cm

구근을 심고 14주가 지나 길이가 15~20cm 정도
로 자랐다. 구근 10개가 모두 발아했다.

꽃봉오리가 달릴 만큼 성장했다

구근을 심고 16주가 지나 꽃봉오리가 부풀어 오
르기 시작하고, 길이는 30cm 정도 된다.

볕이 잘 드는 곳부터 차례대로 개화

구근을 심고 17주 후, 햇빛이 비치는 방향을 향해
일제히 개화했다.

Bloom 02　　Area [B] 식물들

[조금씩 성장을 거듭한 모습]

한층 더 성장해 길이가 10cm

튤립은 10cm 정도로 자랐다. 1년 전에 심은 향기별꽃이 무럭무럭 자라고 있다.

꽃봉오리가 달릴 만큼 성장했다
나무수국 밑에 심은 튤립 '화이트
밸리'의 꽃이 피었다. 볕이 잘 들지
않는 뒤쪽은 성장이 다소 느리다.

크로커스가 일제히 핀다

조기 개화종인 크로커스 '스노우 번팅'이 만개했다.
보라색 히아신스는 1년 전에 심은 것이 발아하여
꽃이 피었다. 1년 전보다 꽃은 약간 작다.

[다음은 튤립이 개화]

튤립이 피었다

알리움과 튤립을 심은 곳은 튤립 '실버 클라우드'
가 먼저 개화했다.

알리움의 잎이 성장한다

튤립 꽃이 지고, 튤립 잎을 뒤덮듯이 알리움의 잎
이 왕성하게 성장하고 있다.

꽃봉오리가 달린 알리움
구근을 심고 약 4개월 후. 꽃망울을 터트리기 시작한 알리움
'파우더 퍼프'.

[그 다음은 알리움이 개화]

만개한 알리움
구근을 심고 17주 후, 지름 7~8㎝의 꽃이 만개했다.

Bloom 03 그 밖의 공간에서 개화한 식물들

ⓐ 날개하늘나리와 아마릴리스의 성장과 개화

싹이 자라서 성장했다
날개하늘나리는 구근을 심고 18개월 후에 길이가 90㎝ 정도로 자랐다. 꽃눈은 아직 단단하지만 살짝 붉은색이 감돌기 시작한다. 아마릴리스 '알래스카'는 구근을 심고 6주 후에 꽃눈이 생기고 42㎝ 길이로 성장했다.

날개하늘나리가 개화
구근을 심고 19주 후, 날개하늘나리 '디멘션'은 약 1m 길이로 성장했다. 구근은 2개 심었는데 모두 잘 자라서 이미 꽃이 피었다. 아마릴리스는 꽃봉오리가 크게 부풀어 올라 개화직전의 상태.

싹이 자라서 성장했다
구근을 심고 약 1달 반 후. 날개하늘나리 '디멘션'의 꽃이 질 무렵, 아마릴리스 '알래스카'가 아름답게 피었다.

ⓑ 오리엔탈 나리 '마이 웨딩'의 개화

싹이 나와서 성장했다

구근을 심고 20주 후, 60cm 정도 높이로 성장했다. 주위의 숙근초나 관목에 가려져 있었는데, 키가 크게 자라서 드디어 햇빛을 받을 수 있게 되었다.

꽃봉오리가 생겼고, 개화 직전

구근을 심고 28주 후. 키가 크게 자라서 지지대를 세웠다. 미국수국 '아나벨리'가 만개했다.

아름답고 요염한 자태를 지닌 꽃

12월 중순에 심어 약 7개월 후인 7월에 꽃이 피었다. 한 줄기에 5개의 꽃눈이 달렸다. 길이는 120cm까지 자랐다.

아름답고 탐스럽게 잇따라 핀다

순백색의 겹꽃종인 오리엔탈 나리 '마이 웨딩'. 카사블랑카와 같은 계통이며 향기가 짙다.

봄에 심는 구근을 심는다

봄에 구근 심기 작업을 하면 초여름에서 한여름에 꽃이 피는 모습을 즐길 수 있는 구근입니다.
물 빠짐이 좋은 환경에서 과습과 직사광선을 피해 키우도록 하세요.

한여름의 직사광선은 금물
통풍과 물 빠짐에도 유의한다

춘식 구근은 종류에 따라 생육 환경이 많이 다르지만, 통풍과 물 빠짐이 좋고 한여름의 직사광선을 피할 수 있는 환경에 적합하다. 유코미스나 아마릴리스, 하브란서스, 크로코스미아는 튼튼하므로 다소 환경이 좋지 않아도 키울 수 있다. 가을에 구근을 캐내는 종류가 많지만, 따뜻한 지역에서는 앞의 4품종도 월동을 할 수 있다. 유코미스나 히메노칼리스 등을 심은 화단은 서향 볕이 들지 않는 동남향이 적합하다. 돌을 받쳐서 물 빠짐이 원활하게 했다.

미니 화단에 심어 잇따라 피는 꽃을 만끽한다

[심은 구근]

히메노칼리스 구근
지름 4cm, 높이 7cm 정도의 비늘줄기 구근.

아시단세라 '무리엘라이' 구근
지름 3cm, 높이 3cm 정도의 알줄기 구근.

유코미스 '풍크타타' 구근
지름 4cm, 높이 5cm 정도의 비늘줄기 구근.

[구근을 심은 후의 성장 과정]

1. 히메노칼리스의 새싹
이 구역에 구근 2개를 심었다. 풀길이가 5cm 정도 높이로 성장했다.

2. 아시단세라 '무리엘라이'의 새싹
이 구역에 구근 5개를 심었다. 성장 속도가 가장 빨라서 풀길이가 55cm 높이가 되었다.

3. 유코미스 '풍크타타'의 새싹
이 구역에 구근 3개를 심었다. 풀길이가 10cm 정도 높이로 성장했다.

구근을 심은 후 싹이 나온 상태
태산목 밑에 돌을 쌓아서 40cm 정도 높여 만든 화단. 3종류의 구근은 4월 하순에 심었다.

풀길이가 자라며 성장한다

구근을 심고 7주 후, 풀길이가 자라며 아시단세라의 잎이 한층 더 왕성하게 성장하고 있다. 나무에 가려져 있지만 히메노칼리스도 무럭무럭 자라고 있다.

한층 더 성장해 생기가 넘친다

구근을 심고 9주 후, 아시단세라가 80㎝ 정도로 성장했고, 히메노칼리스의 꽃눈이 올라오기 시작한다. 유코미스는 30㎝ 정도로 자라서 옆으로 벌어지기 시작했다.

히메노칼리스가 아름답게 개화

떡갈잎수국의 꽃 색이 변하기 시작한 7월 상순, 히메노칼리스가 개화했다. 아시단세라의 꽃눈도 올라오기 시작한다.

히메노칼리스의 꽃

매우 섬세한 이 꽃은 개화 후 2, 3일밖에 유지되지 않는다. 가까이에서 냄새를 맡아보면 은은한 향기가 난다.

아시단세라 '무리엘라이'의 꽃

각각의 꽃은 2, 3일밖에 피지 않지만, 한 줄기에 여러 개의 꽃눈이 나와 잇따라 개화하므로 꽃이 피는 기간은 비교적 길다.

유코미스 '풍크타타'의 꽃

'파인애플 릴리'라는 영명대로 파인애플을 연상시키는 포엽이 있다. 꽃은 밑에서부터 피기 시작한다.

**이후 아시단세라와
유코미스 꽃이 피었다**

7월 중순에 유코미스 '풍크타타'
가 개화. 8월 상순에 마지막으로
아시단세라 '무리엘라이'가 개화
했다. 차례대로 개화하므로 약 1
개월 동안 3종류의 꽃을 즐길 수
있다.

5

글라디올러스와 유코미스를 지피 식물처럼 식재한다

[글라디올러스의 생장 관리]

싹이 나온 상태

구근을 심고 2주 후의 상태. 유코미스와 글라디올러스가 동시에 싹이 자라기 시작한다.

잎이 자라고 있는 상태

구근을 심고 8주 후, 글라디올러스의 풀길이는 70㎝ 정도로 자랐고, 유코미스는 30㎝ 정도로 자랐다.

개화한 글라디올러스와 유코미스

7월 중순에 유코미스, 8월 상순에 글라디올러스가 개화했다. 글라디올러스는 더위를 겪으며 꽃줄기가 굽어 버드나무 가지로 지지대를 세워주었다. 유코미스는 개화 후 시간이 흘러 꽃줄기가 쓰러지기 시작한다.

크로코스미아와 하브란서스로 보더 화단*처럼 연출한다

*벽이나 담장 등을 배경으로 그 아래에 배치하여 한 방향에서 바라보는 화단.

꽃봉오리가 달린 크로코스미아

약 3년 전부터 실생(종자가 발아되어 자란 모종)으로 증식하여 1년 전부터 꽃이 달리기 시작했다.

개화한 하브란서스

하브란서스 '체리 핑크'는 4월 하순에 심어 8월에 개화했다.

화려하게 핀 크로코스미아

생육이 왕성하여 다른 식물을 잠식해버릴 정도의 기세로 자란다.

꽃 화분을 구입해, 손쉽게 화려한 미니 화단 만들기

싹이 나온 구근 모종이나 꽃눈이 달린 구근 화분을 사용하면 화단을 아름답게 연출할 수 있습니다. 원예 전문점이나 꽃집에서 마음에 드는 모종을 구입해 심어보세요.

초보자에게도 부담 없는 꽃 화분으로 좋아하는 스타일의 화단 만들기를 손쉽게 즐긴다

구근은 유통 시기가 한정되어 있기 때문에 구입 시기를 놓치거나 심는 시기를 놓쳐버리는 경우가 있다. 추식 구근은 2~3월에 꽃 화분이나 싹이 나온 모종이 유통되므로 그것을 이용해도 좋다. 춘식 구근도 칸나나 다알리아, 유카리스 등 구근 상태에서 키우기가 다소 까다로운 종류도 있으므로, 꽃눈이 달린 꽃 화분을 구입하여 옮겨 심는 것도 좋은 방법이다. 꽃이 진 후에는 각각의 식물 종류에 맞춰 비료 주기와 구근 캐내기 작업을 하도록 한다.

가운데에 있는 새매발톱꽃과 포복성 베로니카 '마담 메르시에' 사이에 원종계 튤립 클루시아나, 연보라색, 빨간색, 분홍색의 아네모네 풀겐스를 심었다. 튤립 '화이트 밸리' 밑에서는 옥잠화의 싹이 나오기 시작한다.

여름에 심는 구근식물로 계절을 즐긴다

가을이 되면 둑이나 논두렁에 피어 있는 새빨간 석산은 여름에 심는 구근식물의 대표종입니다.
심은 후 개화할 때까지 소요되는 기간이 짧아서 바로 즐길 수 있는 것이 매력입니다.

Planting 01

스프렌게리 상사화를 심어
여름을 아름답게 장식한다

[재료]

상사화 구근
지름 4cm, 높이 7cm의 비늘줄
기 구근. 여름에 심는 수선화
과의 구근은 모양이 비슷하다.

꽃눈이 곧게 뻗어 올라온
기품 있는 아름다움을 즐긴다

여름에 심는 구근은 추식 구근이나 춘식 구근에 비해 종류
가 적다. 빨간색 석산은 여름에 심는 구근의 대표 종이며,
일본에서는 가을을 상징하는 꽃으로 알려져 있다. 빨간색
이외에도 연분홍색이나 노란색, 흰색 등 개량 품종이 많
고, 튼튼한 것이 특징이다. 12월 무렵부터 잎이 자라기 시
작하여 5~6월 무렵에 잎이 시들고 휴면에 들어가며, 8~9
월에 꽃눈만 올라와 꽃이 핀다.
같은 주기로 생장하는 여름에 심는 구근에는 콜키쿰이 있
다. 햇빛이 잘 드는 잔디밭에 심으면 사랑스러운 모습이
돋보인다.

[성장 과정]

새싹이 나온 상태
3년 전에 구근 2개를 심은 후
매년 꽃이 핀다. 12월 상순에
발아하여 2주 정도 지난 상태.

잎이 무성하게 자란다
1에서 약 4개월 후. 구근 1개에서 분구가 이루어져 잎이
60cm~70cm 정도로 잎이 넓어졌다.

꽃눈이 부풀어 오르기 시작했다
매년 꽃눈이 늘어 4년째가 됐을 때 한 포
기에 5대 정도의 꽃눈이 올라왔다.

꽃이 만개한 상태
꽃잎에는 스프렌게리 특유의 그러데이션이 있다.
구근이 분구되었기 때문에 잇따라 꽃이 피어 2주
정도 즐길 수 있다.

고광나무 밑에 탐스럽게 핀 스
프렝게리 상사화. 꽃들이 모
두 지고 없는 8월 중순, 정원
에서 만개 시기를 맞이한다.
포기에 따라 꽃이 핀 모습이
약간 달라 보이지만 2가지 모
두 같은 품종이다.

정원에 심을 때는 어떤 관리를 해야 할까?

노지에 심은 구근은 종류에 따라 캐내야 하는 것이 있습니다.
수확 시기를 놓치지 말고 적절한 시기에 작업하도록 하세요.

발아부터 수확까지의 과정

[수선화의 경우]

1
12월 중순에 심어 약 10주 후의 상태. 8cm 정도 싹이 나왔다.

2
약 12주 후. 잎이 성장하여 풀길이가 18cm 정도 된다.

다음 해에도 다시 꽃을 즐기기 위해 잎이 누렇게 변하면 캐낸다!

정원에 구근을 심을 경우, 심은 채 그대로 두어도 되는 품종을 선택하는 것이 좋다. 캐내면서 구근이나 다른 식물을 손상시킬 염려가 없기 때문이다. 그러나 심은 채 그대로 두어도 되는 품종은 한정되어 있다. 여름철 고온 다습한 환경에 약한 품종이나 겨울철 추위에 약한 품종은 휴면할 시기에 캐내야 한다. 품종과 관계없이 잎이 누렇게 변해 시들었을 때가 구근을 캐는 시기이다. 완전히 잎이 없어진 후에 캐면 구근의 상태가 나빠지므로 잘 관찰하도록 한다.

소형 구근 종류는 비늘 포트에 심은 채 그대로 노지에 심는 방법도 있다. 휴면할 시기에 포트째 파내어 생육에 적합한 환경으로 간편하고 손쉽게 옮겨놓을 수 있다.

3
약 14주 후. 풀길이가 25cm 정도 되고, 꽃눈이 올라오기 시작한 것도 있다.

4
약 15주 후. 30cm 정도로 자라 꽃목이 옆을 향하기 시작한 포기도 있다.

5
구근을 심고 16주 후에 개화. 개화 후 10일 전후로 계속 꽃이 핀다.

6
구근을 심고 20주 후. 꽃이 진 후에 꽃줄기를 자르고 어느 정도 지난 상태.

7
이듬해를 위해 구근을 살찌우려고 남겨놓은 잎이 흐트러져서 마끈으로 묶어주었다.

8
그대로 1개월 반~2개월 정도 지나면 잎이 누렇게 변하고 시들기 시작한다.

9
시든 잎을 처리하면서 구근을 캐내는 작업을 한다.

10
구근을 캐내어 보니 모구가 커졌고, 자구가 2개 정도 생겼다.

심는 시기별
구근식물 리스트

'가을에 심어 봄에 꽃이 피는 식물', '봄에 심어 여름에 꽃이 피는 식물',
'여름에 심어 가을에 꽃이 피는 식물'로 분류되어 있습니다.
인기 있는 원예종이나 원종계의 재배 요령을 소개합니다.

Chapter 04

가을에 심어 봄에 꽃이 피는 구근식물 리스트

추식 구근의 매력은 다양한 종류와 꽃의 화려한 빛깔.
무더위가 지나간 10월 중순, 구근을 심는 계절이 시작됩니다.

봄의 정원을 아름답게 물들이는 형형색색 다종다양한 추식 구근

9월 중순부터 유통하기 시작하는 추식 구근은 종류와 꽃의 색상이 매우 다양하다. 튤립이나 크로커스처럼 조기 개화종, 만기 개화종 등 개화 시기가 다른 품종도 있다. 각각의 특성을 파악하여 개화기의 풍경을 떠올리며 구근을 선택하자. 초보자에게는 수선화나 무스카리, 튤립 등 키우기 쉬운 종류가 좋다. 모두 대표적인 구근식물이며, 매년 새로운 품종이 나오므로 세련된 꽃 모양과 색상을 고를 수 있다. 어느 정도 경험이 있다면 라넌큘러스나 패모 등 다소 키우기 어려운 품종에 도전해보는 것도 좋을 것 같다.

4월 중순에 핀 화분에 심은 흰색 아이리스와 노지에 심은 파란색 꽃 품종.

아이리스(더치 아이리스)
[Iris]

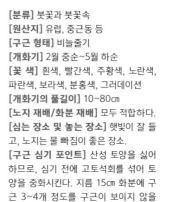

[분류] 붓꽃과 붓꽃속
[원산지] 유럽, 중근동 등
[구근 형태] 비늘줄기
[개화기] 2월 중순~5월 하순
[꽃 색] 흰색, 빨간색, 주황색, 노란색, 파란색, 보라색, 분홍색, 그러데이션
[개화기의 풀길이] 10~80㎝
[노지 재배/화분 재배] 모두 적합하다.
[심는 장소 및 놓는 장소] 햇빛이 잘 들고, 노지는 물 빠짐이 좋은 장소.
[구근 심기 포인트] 산성 토양을 싫어하므로, 심기 전에 고토석회를 섞어 토양을 중화시킨다. 지름 15㎝ 화분에 구근 3~4개 정도를 구근이 보이지 않을 정도의 깊이로 심고, 노지에는 8㎝ 정도의 깊이로 심는다. 심는 적기는 10~12월.
[관리 요령] 품종에 따라 약간 다르다. 더치 아이리스는 네덜란드에서 교잡 육종된 것. 일본 간토 이서 지역에서는 햇빛이 잘 들고 물 빠짐이 좋은 장소에서 재배하면 몇 년 동안은 심은 채 그대로 두어도 된다. 생육기에 물이 마르지 않도록 주의한다. 다습한 토양에서는 여름철에 구근이 썩는다.
[비료 주기] 생육 기간 동안 2~3주에 1회 인산 성분이 많은 액체 비료를 준다.

절화로 사용해도 꽃이 오래 유지되는 익시아 '파노라마'.

익시아
[Ixia]

[분류] 붓꽃과 익시아속
[원산지] 남아프리카
[구근 형태] 알줄기
[개화기] 4~5월
[꽃 색] 흰색, 빨간색, 노란색, 보라색, 분홍색, 그러데이션
[개화기의 풀길이] 30~80㎝
[노지 재배/화분 재배] 화분 재배는 적합하다. 일본 간토 이북 지역에서의 노지 재배는 부적합하다.
[심는 장소 및 놓는 장소] 햇빛이 잘 들고 통풍, 물 빠짐이 좋은 장소. 화분은 햇빛이 잘 드는 따뜻한 처마 밑에 놓는다.
[구근 심기 포인트] 겨울 동안 생장한 줄기 끝에 꽃이 피며, 추위에 다소 약하므로 서리가 녹지 않는 장소는 피한다. 화분에 심는 경우는 지름 15㎝ 화분에 구근 7~8개 정도를 3㎝ 깊이로 심는다. 심는 적기는 10~11월. 노지는 5㎝ 깊이.
[관리 요령] 화분에 심은 경우 잎이 누렇게 변하면 물을 주지 말고, 서늘한 장소에서 관리하면 화분에 심은 그대로 휴면시킬 수 있다. 생육기에도 따뜻한 처마 밑으로 옮겨놓을 수 있으므로 화분에 심는 편이 관리하기 쉽다.
[비료 주기] 밑거름으로 완효성 비료를 준다. 꽃줄기가 자라기 시작하면 웃거름으로 2~3주에 1회 액체 비료를 준다.

아네모네
[Anemone]

[분류] 미나리아재비과 바람꽃속
[원산지] 유럽 남부, 지중해 연안
[구근 형태] 덩이줄기
[개화기] 2월 중순~5월. 품종에 따라 12월부터 개화하는 것도 있다.
[꽃 색] 흰색, 빨간색, 파란색, 보라색, 분홍색, 그러데이션
[개화기의 풀길이] 5~40㎝
[노지 재배/화분 재배] 모두 적합하다.
[심는 장소 및 놓는 장소] 햇빛이 잘 들고 물 빠짐이 좋은 장소. 블란다와 네모로사는 여름에는 낙엽수 아래나 흙을 돋운 화단 등이 적합하다.
[구근 심기 포인트] 구근에 서서히 물을 흡수시킨 후에 심는 것이(102쪽 참조) 좋으나, 풀겐스는 그대로 심어도 된다. 화분에 심는 경우, 지름 15㎝ 화분에 구근 3개 정도를 구근이 보이지 않을 정도의 깊이로 물 빠짐이 좋은 용토에 심는다. 심는 적기는 10~12월. 노지도 같은 깊이로 심는다.
[관리 요령] 봄이 되어 기온이 올라가면 꽃봉오리가 적어지고 웃자라기 쉬우므로 가능한 서늘한 곳에 놓는다. 고온 다습한 환경에 약하므로 화분에 심은 경우는 잎이 시들면 구근을 캐내지 말고 화분에 심은 그대로 그늘에서 건조시켜 서늘한 장소에서 보관한다.
[비료 주기] 심을 때 완효성 비료를 준다. 개화 기간이 길므로 웃거름으로 2~3주에 1회 액체 비료를 준다.

다양한 꽃 색깔과 개화 모습을 즐길 수 있는 아네모네 풀겐스.

아네모네 '드 캉' 화이트.

아네모네 풀겐스.

에란티스
[Eranthis]

[분류] 미나리아재비과 너도바람꽃속
[원산지] 유럽 남부, 지중해 연안
[구근 형태] 덩이줄기
[개화기] 2월 중순~3월
[꽃 색] 노란색
[개화기의 풀길이] 5㎝
[노지 재배/화분 재배] 모두 적합하다.
[심는 장소 및 놓는 장소] 햇빛이 잘 들고 통풍이 잘되는 장소. 노지는 여름에 나무 그늘이 지고, 비를 많이 맞지 않는 장소.
[구근 심기 포인트] 화분에 심는 경우, 지름 12㎝ 화분에 구근 5개 정도를 구근이 보이지 않는 정도의 깊이로 심는다.

노지는 그보다 조금 더 깊게 심는다. 심는 적기는 10~11월.
[관리 요령] 늦겨울에서 봄까지만 지상부가 있으므로 그동안 최대한 햇빛을 받게 하고, 흙이 마르면 물을 흠뻑 준다. 지상부가 시든 초여름에 흙을 갈아주고, 서늘한 곳에서 관리한다. 가을부터 물주기를 시작하여 지상부가 없는 겨울에도 물을 준다.
[비료 주기] 심을 때 완효성 비료를 주고, 생육 기간이 짧으므로 지상부가 시들 때까지 1주일에 1회 액체 비료를 준다.

11월 하순에 심은 시실리 너도바람꽃은 3월 하순에 개화.

알리움
[Allium]

[분류] 백합과 부추속
[원산지] 북반구
[구근 형태] 비늘줄기
[개화기] 5~7월
[꽃 색] 흰색, 노란색, 파란색, 청보라색, 보라색, 연분홍색
[개화기의 풀길이] 15~150cm
[노지 재배/화분 재배] 모두 적합하다.
[심는 장소 및 놓는 장소] 햇빛이 잘 들고 물 빠짐이 좋은 장소.
[구근 심기 포인트] 화분에 심는 경우 소형종은 지름 15cm 화분에 구근 5개를 3cm 깊이로, 대형종은 지름 24cm 화분에 구근 1개 정도를 5cm 깊이로 심는다. 노지는 그보다 조금 더 깊게 심는다. 10월에 땅의 온도가 내려갔을 때 일찍 심으면 꽃이 많이 달린다. 심는 적기는 10~11월.
[관리 요령] 소형종은 모래가 많이 섞인 물 빠짐이 좋은 용토라면 몇 년 동안은 캐내지 않아도 된다. 대형종은 꽃이 필 무렵에는 잎이 누렇게 변하는데, 꽃이 진 후 잎이 완전히 누렇게 변하면 캐내어 그늘에서 건조시켜 가을에 다시 심으면 이듬해에도 즐길 수 있다.
[비료 주기] 밑거름으로 완효성 비료를 주고, 개화할 때까지는 2~3주에 1회 액체 비료를 준다.

위: 알리움 기간테움 / 왼쪽 아래: '파우더 퍼프'

알리움 트리쿠에트룸

오니소갈룸
[Ornithogalum]

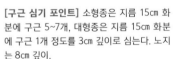

[분류] 백합과 오니소갈룸속
[원산지] 남북아프리카, 서아시아, 지중해 연안
[구근 형태] 비늘줄기
[개화기] 2~6월
[꽃 색] 흰색, 노란색, 주황색, 연두색 계열
[개화기의 풀길이] 25~80cm
[노지 재배/화분 재배] 모두 적합하다.
[심는 장소 및 놓는 장소] 햇빛이 잘 들고 물 빠짐이 좋은 장소에 놓는다. 반내한성 품종은 겨울에는 처마 밑의 따뜻한 곳에서 관리한다.

[구근 심기 포인트] 소형종은 지름 15cm 화분에 구근 5~7개, 대형종은 지름 15cm 화분에 구근 1개 정도를 3cm 깊이로 심는다. 노지는 8cm 깊이.
[관리 요령] 내한성, 반내한성, 춘식종 등이 있으므로 품종에 따라 다르나, 노지에 심는 경우 내한성이 있는 것은 물 빠짐이 좋은 장소라면 심은 채 그대로 두어도 된다. 움벨라툼 등 생육이 왕성한 품종은 매년 옮겨 심는 것이 좋다.
[비료 주기] 퇴비나 유기성 비료를 밑거름으로 주고, 2~3주에 1회 액체 비료를 준다.

오르니토갈룸 움벨라툼

게이소리자
[Geissorhiza]

[분류] 붓꽃과 게이소리자속
[원산지] 남아프리카
[구근 형태] 알줄기
[개화기] 3~4월
[꽃 색] 노란색, 보라색, 보라색과 빨간색, 보라색과 크림색 등
[개화기의 풀길이] 15~30㎝
[노지 재배/화분 재배] 화분 재배에 적합하다.
[심는 장소 및 놓는 장소] 햇빛이 잘 드는 처마 밑. 노지는 서리와 냉풍 막이가 필요하다.
[구근 심기 포인트] 화분에 심는 경우, 지름 12㎝ 화분에 구근 10개 정도를 3㎝ 깊이로 심는다. 노지는 5㎝ 깊이로 심는다. 심는 적기는 10~11월.
[관리 요령] 정원에 심은 경우는 잎이 누렇게 변하면 캐내고, 화분에 심은 경우는 물을 주지 말고 그대로 휴면시켜 서늘한 곳에서 관리한다. 쥐가 좋아하는 구근이며, 크기가 아주 작으므로 주의하여 다룬다.
[비료 주기] 밑거름은 완효성 비료를 소량 준다. 꽃줄기가 자라기 시작할 무렵 2주에 1회 액체 비료를 준다.

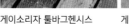

게이소리자 툴바그헨시스   게이소리자 모난토스

원종 시클라멘
[Cyclamen]

[분류] 앵초과 시클라멘속
[원산지] 지중해 연안, 터키
[구근 형태] 덩이줄기
[개화기] 12~3월(품종에 따라 다르다.)
[꽃 색] 흰색, 빨간색, 연분홍색 등
[개화기의 풀길이] 10~30㎝
[노지 재배/화분 재배] 모두 적합하다.
[심는 장소 및 놓는 장소] 물 빠짐이 좋고, 여름에 나무 그늘이 지는 장소. 생육기에는 햇빛이 잘 드는 장소로 옮겨놓는다.
[구근 심기 포인트] 화분에 심는 경우 지름 15㎝ 화분에 구근 1개 정도를, 구근이 살짝 가려질 정도의 깊이로 위아래를 확인한 후 심는다. 노지도 같은 방법으로 심는다. 심는 적기는 9~10월.
[관리 요령] 물 빠짐이 좋은 땅에 심어 과습한 상태가 되지 않도록 한다. 코움 시클라멘이나 나폴리 시클라멘은 튼튼해서 심은 그대로 두고 키울 수 있다. 화분에 심은 경우는 잎이 시들면 물을 주지 말고, 화분에 심은 그대로 휴면시키고 서늘한 곳에서 관리한다.
[비료 주기] 생육 기간 동안 2~3주에 1회 액체 비료를 준다.

나폴리 시클라멘

실라
[Scilla]

[분류] 백합과 무릇속
[원산지] 아시아, 아프리카, 유럽
[구근 형태] 비늘줄기
[개화기] 2~6월(품종에 따라 다르다.)
[꽃 색] 흰색, 파란색, 보라색, 분홍색, 그러데이션
[개화기의 풀길이] 10~40㎝
[노지 재배/화분 재배] 모두 적합하다.
[심는 장소 및 놓는 장소] 물 빠짐이 좋고, 여름에 나무 그늘이 지는 장소. 생육기에는 햇빛이 잘 드는 장소에 놓는다.
[구근 심기 포인트] 화분에 심는 경우 페루비아나는 지름 15㎝ 화분에 구근 1개, 시베리카와 비폴리아는 구근 10개를 구근 보이지 않는 정도의 깊이로 심는다. 노지는 조금 더 깊게 심는다. 심는 적기는 10~11월.
[관리 요령] 물 빠짐이 좋은 땅에 심고 과습한 상태가 되지 않도록 관리한다. 튼튼해서 키우기 쉽고, 심은 채 그대로 두고 키울 수 있다. 화분에 심은 경우는 잎이 시들면 물을 주지 말고, 화분에 심은 그대로 휴면시키고 서늘한 곳에서 관리. 구근이 건조나 상처에 약하므로 주의하여 다룬다.
[비료 주기] 밑거름으로 부엽토나 피트모스를 섞어주고, 생육기에 완효성 비료를 준다.

실라 미스크츠켄코아나

크로커스
[Crocus]

[분류] 붓꽃과 크로커스속
[원산지] 지중해 연안
[구근 형태] 알줄기
[개화기] 2~4월
[꽃 색] 흰색, 노란색, 파란색, 보라색, 그러데이션
[개화기의 풀길이] 5~12㎝
[노지 재배/화분 재배] 모두 적합하다.
[심는 장소 및 놓는 장소] 물 빠짐이 좋고, 햇빛이 잘 드는 장소. 화분에 심는 경우 한랭 지역의 꽃이 수명이 길다.
[구근 심기 포인트] 화분에 심는 경우 지름 15㎝ 화분에 구근 10개 정도를, 구근이 보이지 않는 정도의 깊이로 심는다. 심는 적기는 봄 개화종은 10~11월, 가을 개화종은 8~9월.
[관리 요령] 물 빠짐이 좋은 장소에서는 심은 채 그대로 두고 키울 수 있다. 물이 마르면 꽃 색깔이 바래거나, 빈약해지므로 특히 화분에 심은 경우는 물이 마르지 않도록 주의한다. 질소 성분이 많은 비료를 주면 구근이 썩는 경우가 있다.
[비료 주기] 밑거름으로 인산 성분이 많은 완효성 비료를, 생육기에는 2~3주에 1회 액체 비료를 준다.

12월 중순에 심어 3월 초순에 개화한 크로커스

크로커스 '집시 걸'

엘위스 설강화

설강화
[Galanthus]

[분류] 수선화과 설강화속
[원산지] 터키, 그리스, 코카서스
[구근 형태] 알줄기
[개화기] 2~3월
[꽃 색] 흰색
[개화기의 풀길이] 10~12㎝
[노지 재배/화분 재배] 모두 적합하다.
[심는 장소 및 놓는 장소] 물 빠짐이 좋고, 여름에 나무 그늘이 지는 장소. 생육기에는 햇빛이 잘 드는 장소.
[구근 심기 포인트] 건조한 환경을 싫어하는 구근이므로 구입한 후 바로 심는다. 화분에 심을 경우 지름 12㎝ 화분에 구근 5개 정도를, 구근이 보이지 않을 정도의 깊이로 심는다. 노지는 조금 더 깊게 심는다. 심는 적기는 10~11월.
[관리 요령] 물 빠짐이 좋고, 여름철 고온의 영향을 받지 않는 장소에서는 심은 그대로 두고 키울 수 있다. 화분에 심은 경우 잎이 시들면 화분에 심은 그대로 휴면시켜 서늘한 곳에서 관리하고, 너무 건조해지지 않도록 가끔 물을 준다.
[비료 주기] 생육 기간에 2~3주에 1회 액체 비료를 준다.

수선화

[Narcissus]

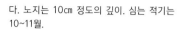

[분류] 수선화과 수선화속
[원산지] 지중해 연안
[구근 형태] 비늘줄기
[개화기] 2~4월
[꽃 색] 흰색, 주황색, 노란색, 분홍색, 그러데이션
[개화기의 풀길이] 7~40㎝
[노지 재배/화분 재배] 모두 적합하다.
[심는 장소 및 놓는 장소] 물 빠짐이 좋고, 햇빛이 잘 드는 장소를 좋아하나, 반그늘에서도 키울 수 있다.
[구근 심기 포인트] 화분에 심는 경우 지름 21㎝ 화분에 구근 3~4개 정도를, 구근이 보이지 않을 정도의 깊이로 심는

다. 노지는 10㎝ 정도의 깊이. 심는 적기는 10~11월.
[관리 요령] 튼튼해서 키우기 쉽다. 물 빠짐이 좋은 토양에서는 심은 채 그대로 두고 키울 수 있으나, 장기간 심은 채 그대로 두면 포기가 쇠약해진다. 몇 년에 한 번은 포기를 캐내 구근을 나누어 다시 심는 것이 좋다. 화분에 심은 경우는 잎이 시들면 물을 주지 말고, 화분에 심은 그대로 휴면시키고 서늘한 곳에서 관리한다. 가을에 물주기를 시작한다.
[비료 주기] 밑거름으로 퇴비, 부엽토, 완효성 비료를 주고, 웃거름으로 2~3주에 1회 액체 비료를 준다.

은방울수선화와 겹첩수선화

수선화 '블러싱 레이디'

수선화 '스위프트 애로우'

수선화 '로리키트'

수선화 '윈터 왈츠'

수선화 '셰리'

나팔수선화

수선화 칸타브리쿠스

수선화 '풀 하우스'

수선화 '마운트 후드'

덧꽃부리의 색이 노란색에서 유백색
으로 차츰 변하는 나팔형 수선화.

수선화 '엘리치어'

송이형 겹꽃 품종. 향기가 나고 풍성
해서 화분에 하나만 놓아도 멋있다.

수선화 '페이퍼 화이트'

송이형의 순백색 품종. 투명감이 있
는 흰색 꽃잎이 아름다우며 향기가
난다.

겹첩수선화

향기가 나는 흰색과 노란색의 송이형 품종. 지중해 연안에서 전파되어 일본에 자생하게 되었다.

수선화 '마운트 후드'

개화 직후에는 덧꽃부리가 노란색이지만, 며칠 지나면 유백색으로 변한다.

수선화 '테이트어테이트'

꽃잎이 뒤로 젖혀지는 시클라멘 계열의 소형종. 이름은 프랑스어의 'tete'에서 유래되었다.

수선화 '그랜드 솔레일 도르'

겹첩수선화와 비슷하지만 다른 품종이며, 원종계 송이형 수선화이다. 향기가 짙다.

은방울수선화
[Leucojum]

[분류] 백합과 레우코윰속
[원산지] 유럽, 터키 등
[구근 형태] 비늘줄기
[개화기] 3~4월
[꽃 색] 흰색
[개화기의 풀길이] 30~40cm
[노지 재배/화분 재배] 모두 적합하다.
[심는 장소 및 놓는 장소] 양지에서 반그늘까지. 토양은 특별히 가리지 않는다.
[구근 심기 포인트] 화분에 심는 경우 지름 21cm 화분에 구근 3~4개 정도를 구근이 보이지 않을 정도의 깊이로 심는다. 노지는 10cm 정도의 깊이. 심는 적기는 10~11월.

[관리 요령] 매우 튼튼해서 키우기 쉽고, 용토도 특별히 신경 쓸 필요 없다. 화분에 심은 채 그대로 키울 수 있으나, 여러 해가 지나 포기가 무성해지면 꽃달림이 나빠지므로 다시 심는 것이 좋다. 잎이 누렇게 변하면 캐내어 건조시켜서 가을에 심는다.
[비료 주기] 밑거름으로 부엽토나 피트모스를 골고루 섞어주고, 생육기에 완효성 비료를 준다.

3월 중순에 개화. '스노우플레이크'라고도 부른다.

키오노독사
[Chionodoxa]

[분류] 백합과 키오노독사속
[원산지] 동지중해 연안
[구근 형태] 비늘줄기
[개화기] 3~4월
[꽃 색] 흰색, 보라색, 연분홍색
[개화기의 풀길이] 10~20cm
[노지 재배/화분 재배] 모두 적합하다.
[심는 장소 및 놓는 장소] 물 빠짐이 좋고, 여름에는 나무 그늘이 지는 장소. 생육기에는 햇빛이 잘 드는 장소.
[구근 심기 포인트] 화분에 심는 경우 지름 12cm 화분에 구근 3~5개 정도를 구근이 보이지 않을 정도의 깊이로 심는다. 노지는 그보다 조금 더 깊게 심는다.

심는 적기는 10~11월.
[관리 요령] 고온 다습한 환경을 싫어하므로 물 빠짐이 좋은 땅에 심고, 과습한 상태가 되지 않도록 관리한다. 비료는 썩기 쉽기 때문에 주지 않는다. 화분에 심은 경우는 잎이 시들면 화분에 심은 그대로 휴면시키고 서늘하고 비를 맞지 않는 곳에서 관리한다. 구근이 건조한 환경에 약하므로 가을 이후에는 비를 맞는 곳에 놓아둔다.
[비료 주기] 밑거름으로 부엽토를 섞어주는 정도.

키오노독사 '핑크 자이언트'

디피닥스 트리쿠에트라
[Dipidax triquetra]

[분류] 백합과 오닉소티스속
[원산지] 남아프리카
[구근 형태] 비늘줄기
[개화기] 3~4월
[꽃 색] 흰색, 분홍색, 그러데이션
[개화기의 풀길이] 30~50cm
[노지 재배/화분 재배] 화분 재배는 적합하다. 일본 간토 이북 지역에서는 노지 재배는 부적합하다.
[심는 장소 및 놓는 장소] 통풍이 잘되고 햇빛이 잘 드는 장소. 화분에 심은 경우는 햇빛이 잘 드는 따뜻한 처마 밑에 놓는다.

[구근 심기 포인트] 추위에 다소 약하므로 서리가 녹지 않는 장소는 피한다. 노지는 5cm 깊이로 심고, 화분에 심는 경우는 지름 15cm 화분에 구근 3~5개 정도를 5cm 깊이로 심는다. 심는 적기는 10~11월.
[관리 요령] 화분에 심은 경우 잎이 누렇게 변하면 물을 주지 않는다. 서늘한 곳에서 관리하면 캐내지 않고 그대로 휴면시킬 수 있다. 습지대에 자생하므로 생육기에는 물을 흠뻑 준다. 화분에 심는 것이 따뜻한 처마 밑으로 옮겨놓을 수 있어 관리하기 쉽다.
[비료 주기] 밑거름으로 완효성 비료를 준다. 꽃줄기가 자라기 시작하면 웃거름으로 2~3주에 1회 액체 비료를 준다.

'크리스탈 릴리'의 영명 'star of the marsh'는 '늪지대의 별'을 의미한다.

튤립 '실버 클라우드'

튤립 '리조이스'

튤립 '슬라와'

튤립 '톰푸스'

튤립 '시라유키히메'

튤립 '화이트 밸리'

튤립 '아르마니'

튤립
[Tulipa]

[분류] 백합과 산자고속
[원산지] 지중해 동부 연안, 중앙아시아
[구근 형태] 비늘줄기
[개화기] 3월 하순~5월
[꽃 색] 흰색, 빨간색, 주황색, 노란색, 분홍색, 보라색, 그러데이션
[개화기의 풀길이] 10~60㎝
[노지 재배/화분 재배] 모두 적합하다.
[심는 장소 및 놓는 장소] 물 빠짐이 좋고, 햇빛이 잘 드는 장소. 화분에 심는 경우는 2월 하순까지 추위를 겪은 후에는 실내의 창가에서도 키울 수 있다.
[구근 심기 포인트] 화분에 심는 경우 지름 15㎝ 화분에 구근 3개 정도를 구근

이 보이지 않을 정도의 깊이로 심는다. 노지에 심는 경우 구근 3개 크기의 깊이로 심는다. 심는 적기는 10월 중순~12월 중순.
[관리 요령] 과습을 싫어하지만, 비가 내리지 않아 땅이 너무 건조하면 꽃이 피지 않거나 꽃줄기가 충분히 자라지 않는 경우도 있다. 화분에 심은 경우는 1주일에 2회는 물을 흠뻑 준다. 이듬해에도 개화할 정도로 구근을 살찌우기는 어렵지만, 꽃이 지면 잎이 누렇게 변할 때까지 햇빛을 많이 받게 하고 웃거름을 준다.
[비료 주기] 밑거름으로 완효성 비료를 소량 준다. 생육기에는 2~3주에 1회 액체 비료를 준다.

뿌리를 씻은 분홍색 튤립 '프렌'과 노란색 계열 품종.

튤립 '화이트 밸리'
처음 개화할 때는 녹색과 흰색의 복색으로 피다가 차츰 황백색으로 변한다.

튤립 '리조이스'
꽃이 크다. 꽃잎은 흰색에 가깝고 투명감 있는 연분홍색.

튤립 '톰푸스'
노란색과 분홍색의 그러데이션이 봄 분위기를 자아내는 품종. 귀여운 인상을 준다.

원종계 튤립 클루시아나 크리산타
바깥쪽 꽃잎이 주황색이고, 안쪽 꽃잎이 노란색이어서 꽃이 피면 색상 대비를 즐길 수 있다.

튤립 '라 벨 에포크'
분홍색과 갈색이 섞인 오묘한 빛깔. 검은색 꽃 종류와 잘 어울린다.

원종계 튤립 클루시아나 '레이디 제인'
그대로 두어도 수년 동안 꽃을 피운다. 꽃이 지면 꽃잎이 돌돌 말린다.

원종계 튤립 클루시아나 '페퍼민트 스틱'

새먼핑크색과 흰색의 세로로 긴 꽃잎이 사랑스럽다.

튤립 '벨 송'

가장자리가 들쭉날쭉한 프린지형 품종. 소녀 감성의 모둠 화분이나 화단에 사용하면 좋다.

튤립 '아르마니'

짙은 빨간색과 가장자리 흰색의 대비가 인상적이다. 빛을 받으면 광택이 있는 것처럼 보인다.

튤립 '일드프랑스'

튤립의 대표종이라고 할 수 있는 새빨간 홑겹 품종. 12월에 피며, 촉성 재배종도 유통하고 있다.

튤립 '퍼플 플래그'

트라이엄프 계열의 보라색 품종. 검은색 비올라나 검은색 계열의 튤립과 조합해 세련된 분위기를 연출한다.

튤립 '슬라와'

암적색에 가장자리의 연분홍색이 돋보이는 달콤 쌉쌀한 분위기의 품종.

튤립 '블랙 더블'

검은색 계열의 겹꽃 품종. 품격 있는 분위기를 연출하기에 제격이다.

튤립 클루시아나 '페퍼민트 스틱'

튤립 틴카

튤립 '라일락 원더'

튤립 '폴리크로마'

튤립 '릴리퍼트'

튤립 '브라이트 젬'

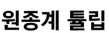

튤립 클루시아나 '레이디 제인'

튤립 '투르게스타니카'

원종계 튤립
[Tulipa]

[분류] 백합과 산자고속
[원산지] 지중해 동부 연안, 중앙아시아
[구근 형태] 비늘줄기
[개화기] 3~5월
[꽃 색] 흰색, 빨간색, 주황색, 노란색, 보라색, 분홍색, 그러데이션
[개화기의 풀길이] 10~60㎝
[노지 재배/화분 재배] 모두 적합하다.
[심는 장소 및 놓는 장소] 물 빠짐이 좋고, 햇빛이 잘 드는 장소. 화분에 심은 경우 2월 하순까지 추위를 겪은 후에는 실내의 창가에서도 키울 수 있다.
[구근 심기 포인트] 심기 전에 살균하고, 물로 씻은 후에 심는다. 화분에 심는

경우는 지름 15㎝ 화분에 구근 5~8개 정도를 구근이 보이지 않을 정도의 깊이로 심는다. 노지는 8㎝ 깊이. 심는 적기는 10~11월 하순.
[관리 요령] 일반적인 튤립보다 튼튼해서 키우기 쉽다. 화분에 심은 경우는 건조해지지 않도록 겉흙이 마르면 물을 흠뻑 준다. 물 빠짐이 좋은 토양이라면 노지는 심은 채 그대로 두어도 된다. 화분에 심은 경우는 꽃이 지면 꽃목을 잘라 제거하고, 잎이 누렇게 변하면 캐내어 건조 보관한다(106쪽 참조).
[비료 주기] 노지는 비료를 많이 주는 것은 금물. 고형 비료를 소량 준다. 화분에 심은 경우는 밑거름으로 완효성 비료를 주고, 생육기에는 2~3주에 1회 액체 비료를 준다.

튤립 클루시아나 '크리산타'

향기별꽃 '롤프 피들러'

향기별꽃 '핑크 스타'

향기별꽃 '위즐리 블루'

향기별꽃(이페이온)
[Ipheion]

[분류] 백합과 향기별꽃속
[원산지] 남아메리카
[구근 형태] 비늘줄기
[개화기] 3~4월
[꽃 색] 흰색, 노란색, 파란색, 보라색, 분홍색, 그러데이션
[개화기의 풀길이] 5~20cm
[노지 재배/화분 재배] 모두 적합하다.
[심는 장소 및 놓는 장소] 햇빛이 잘 드는 장소를 좋아하며, 반그늘에서도 키울 수 있다.
[구근 심기 포인트] 화분에 심는 경우 지름 12cm 화분에 구근 5~8개 정도를 구근이 보이지 않을 정도의 깊이로 심는

다. 노지는 그보다 조금 더 깊게 심는다. 심는 적기는 9~10월. 휴면에서 깨어나는 시기가 이른 편이므로 포기나누기나 구근 나누기는 8월 하순~9월 중순에 한다.
[관리 요령] 매우 튼튼해서 키우기 쉽다. 처음 심었을 때 그대로 여러 해를 키울 수 있다.
[비료 주기] 밑거름으로 부엽토나 피트모스를 배양토에 골고루 섞어준다. 생육기에 완효성 비료를 준다.

잎을 자르면 부추 특유의 냄새가 난다.

바비아나
[Babiana]

[분류] 붓꽃과 바비아나속
[원산지] 남아프리카
[구근 형태] 알줄기
[개화기] 4~5월
[꽃 색] 흰색, 빨간색, 노란색, 파란색, 보라색, 분홍색, 그러데이션
[개화기의 풀길이] 20~30cm
[노지 재배/화분 재배] 모두 적합하다.
[심는 장소 및 놓는 장소] 물 빠짐이 좋고, 햇빛이 잘 드는 장소.
[구근 심기 포인트] 화분에 심는 경우 지름 15cm 화분에 구근 5개 정도를 3cm 깊이로 심는다. 노지는 8cm 정도의 깊이로 심는다. 따뜻한 지역에서는 노지 재

배가 가능하나, 추운 지역에서는 화분에 심어 실내의 창가에 놓고 키운다. 심는 적기는 9~10월.
[관리 요령] 햇빛이 잘 들고, 물 빠짐이 좋으면 3년 동안은 심었던 그대로 두고 키울 수 있다. 화분에 심은 경우는 잎이 시들면 물을 주지 말고, 화분에 심은 그대로 휴면시켜 서늘한 곳에서 관리한다.
[비료 주기] 밑거름으로 부엽토나 피트모스를 배양토에 골고루 섞어준다.

바비아나 스트릭타

히아신스 '카네기'

꽃은 순백색. 줄기가 잘 쓰러지지 않는 화단용 품종.

히아신스 '다크 오션'

화사한 파란색이 돋보이는 품종. 하늘색의 네모필라와 섞어 심는 것이 좋다.

히아신스 '피터 스투이베산트'

17세기 네덜란드 위인의 이름이 붙은 짙은 남색 품종.

히아신스 '아나스타시아'

꽃줄기가 여러 대 올라오고, 꽃의 균형감도 매우 좋다. 검은색 줄기도 세련되어 보인다.

로만 히아신스

프랑스에서 개량된 품종. 꽃의 개수는 적어도 야생화 분위기가 나며 튼튼하다.

히아신스 '우드스톡'

암적색의 홑겹 품종. 개체에 따라 가장자리가 흰색인 것도 있다.

히아신스 '우드스톡'

색이 진하므로 연한 적자색 비올라나 팬지와 조합해도 멋있다.

히아신스 '얀보스'

화려한 빨간색 품종. 추위를 날려버릴 만큼 정열적인 빛깔이 매력.

히아신스 '차이나 핑크'

따스함이 느껴지는 연분홍색 품종. 노란색 수선화와도 잘 어울린다.

히아신스 '델프트 블루'

네덜란드의 델프트 도자기의 색조에서 이름을 따온 옅은 파란색 품종.

히아신스 '피터 스투이베산트'

깊이감 있는 파란색이 인상적. 같은 색 계열의 무스카리나 실라와 모둠 화분을 만들어도 좋다.

히아신스 '아프리콧 패션'

히아신스 '페스티벌 화이트'

히아신스 '피터 스투이베산트'

로만 히아신스 흰색 꽃

히아신스 '더블 핑크'

히아신스 '피터 스투이베산트'와 '우드스톡'

히아신스 '카네기'

히아신스
[Hyacinthus]

[분류] 백합과 히아신스속
[원산지] 지중해 연안
[구근 형태] 비늘줄기
[개화기] 3~4월
[꽃 색] 흰색, 빨간색, 주황색, 노란색,
파란색, 보라색, 분홍색
[개화기의 풀길이] 20~30㎝
[노지 재배/화분 재배] 모두 적합하다.
[심는 장소 및 놓는 장소] 물 빠짐이 좋
고, 햇빛이 잘 드는 장소. 얼지 않는 정도
의 추운 곳에 놓아두고 추위를 겪게 한
다. 첫해는 반그늘에서도 키울 수 있다.
[구근 심기 포인트] 화분에 심는 경우
지름 15㎝ 화분에 구근 1~2개 정도를

10㎝ 깊이로 심는다. 노지도 같은 깊이로 심
는다. 심는 적기는 10~11월.
[관리 요령] 튼튼해서 키우기 쉽다. 산성 토
양을 싫어하므로 고토석회를 용토에 섞어 중
화시켜주면 좋다. 얼지 않을 정도의 추위를
충분히 겪게 하고, 꽃이 진 후에는 씨를 맺지
않도록 시든 꽃을 제거해준다. 2~3년은 심은
채 그대로 두어도 된다.
[비료 주기] 밑거름으로 완효성 비료와 퇴비
를 주고, 생육기에 2~3주에 1회 액체 비료를
준다.

히아신스 '프린스 오브 러브'

블루벨
[Hyacinthoides]

스페인 블루벨

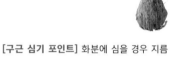

[분류] 백합과 블루벨속
[원산지] 북아프리카, 유럽
[구근 형태] 비늘줄기
[개화기] 4~5월
[꽃 색] 흰색, 파란색, 보라색, 분홍색
[개화기의 풀길이] 20~40㎝
[노지 재배/화분 재배] 모두 적합하다.
[심는 장소 및 놓는 장소] 물 빠짐이 좋고, 햇빛이 잘 드는 장소.
[구근 심기 포인트] 화분에 심는 경우 지름 15㎝ 화분에 구근 5개 정도를 3㎝ 깊이로 심는다. 노지는 10㎝ 깊이. 심을 때까지 건조해지지 않도록 주의한다. 심는 적기는 10~11월.

[관리 요령] 스페인 블루벨은 이전의 '실라 캄파눌라타'라는 이름에서 변경된 것이다. 물 빠짐이 좋은 땅에 심으면 심은 채 그대로 두어도 매년 꽃이 풍성해진다. 화분에 심은 경우 잎이 시들면 물을 주지 말고, 화분에 심은 그대로 휴면시켜 서늘한 장소에서 관리한다. 구근이 건조나 상처에 약하므로 주의하여 다룬다.
[비료 주기] 밑거름으로 부엽토나 피트모스를 배양토에 골고루 섞어준다. 생육기에 완효성 비료를 준다.

프리지아
[Freesia]

프리지아 '샌드라'　　　프리지아 '스피디 스노우'

[분류] 붓꽃과 프리지아속
[원산지] 남아프리카
[구근 형태] 알줄기
[개화기] 3~4월
[꽃 색] 흰색, 빨간색, 주황색, 노란색, 보라색, 분홍색, 그러데이션
[개화기의 풀길이] 30~90㎝
[노지 재배/화분 재배] 한랭지에서의 노지 재배는 부적합하다.
[심는 장소 및 놓는 장소] 물 빠짐이 좋고, 햇빛이 잘 드는 장소. 일본 간토 이서 지역에서는 노지에서도 키울 수 있다. 화분에 심은 경우 따뜻한 처마 밑이나 실내에 놓는다.

[구근 심기 포인트] 화분에 심을 경우 지름 15㎝ 화분에 구근 7개 정도를 구근이 보이지 않을 정도의 깊이로 심는다. 노지는 8㎝ 깊이. 심는 적기는 10~11월.
[관리 요령] 추위에 다소 약하므로 오랫동안 서리가 녹지 않는 장소는 피한다. 정원에 심는 경우는 11월 중순에 심고, 혹한기를 작은 겨울눈 상태로 나게 하면 추위의 영향을 많이 받지 않는다. 화분에 심은 경우는 잎이 시들면 물을 주지 말고, 화분에 심은 그대로 휴면시켜 서늘한 장소에서 관리한다. 노지는 캐내어 통풍이 잘되는 장소에 보관한다.
[비료 주기] 밑거름으로 부엽토나 피트모스를 배양토에 골고루 섞어준다. 생육기에 완효성 비료를 준다.

패모
[Fritillaria]

대형종인 프리틸라리아 페르시아　중국패모

[분류] 백합과 패모속
[원산지] 북반구 온대 지역
[구근 형태] 비늘줄기
[개화기] 4~5월
[꽃 색] 흰색, 등적색, 노란색, 적자색, 짙은 자홍색, 연한 연두색 등
[개화기의 풀길이] 15~100㎝
[노지 재배/화분 재배] 모두 적합하다.
[심는 장소 및 놓는 장소] 물 빠짐이 좋고 햇빛이 잘 드는 곳. 여름에는 나무 그늘이 지는 장소.
[구근 심기 포인트] 화분에 심는 경우 소형종은 지름 15㎝ 화분에 구근 3개, 대형종은 지름 21㎝ 화분에 구근 1개 정

도를 3㎝ 정도의 깊이로 심는다. 노지는 구근 3개 정도 크기의 깊이로 심는다. 심는 적기는 10~11월.
[관리 요령] 구근은 건조한 환경에 약하므로 구입할 때 가능한 틈실하고 마르지 않은 것으로 고른다. 물 빠짐이 좋은 흙에 심고, 과습 상태가 되지 않도록 관리한다. 화분에 심은 경우 시들면 심은 그대로 휴면시키고, 너무 건조해지지 않도록 서늘한 곳에서 관리한다. 더위에 약한 품종이 많으므로 일본 간토 이북 지역에 적합하다.
[비료 주기] 밑거름으로 완효성 비료를 주고, 생육기에 2~3주에 1회 액체 비료를 준다.

헤르모닥틸루스 투베로수스 임페라타
[Hermodactyrus]

[분류] 붓꽃과 헤르모닥틸루스속
[원산지] 지중해 연안
[구근 형태] 덩이줄기
[개화기] 5~6월
[꽃 색] 녹색과 검은색
[개화기의 풀길이] 20~30cm
[노지 재배/화분 재배] 모두 적합하다.
[심는 장소 및 놓는 장소] 물 빠짐이 좋고, 햇빛이 잘 드는 장소.
[구근 심기 포인트] 화분에 심는 경우, 지름 15cm 화분에 구근 5개 정도를 구근이 보이지 않는 정도의 깊이로 심는다. 노지는 그보다 조금 더 깊게 심는다. 심는 적기는 10~11월.
[관리 요령] 노지는 물 빠짐이 좋은 사질 토양에 고토석회를 골고루 섞어 토양을 중화시킨다. 심은 후 2월까지는 충분히 추위를 겪게 한다. 물 빠짐이 좋은 흙을 사용하므로, 화분에 심은 경우는 물이 마르지 않도록 발아 후에 매일 물을 듬뿍 준다. 잎이 시들면 물을 주지 말고, 화분에 심은 그대로 휴면시켜 서늘한 곳에서 관리한다.
[비료 주기] 생육기에 액체 비료를 주는 정도.

'검은 꽃 아이리스'라고 불리며 호화로운 꽃이 관상 가치가 높다.

헤스페란타
[Hesperantha]

[분류] 붓꽃과 헤스페란타속
[원산지] 남아프리카
[구근 형태] 알줄기
[개화기] 2~4월
[꽃 색] 흰색, 노란색, 분홍색
[개화기의 풀길이] 15~30cm
[노지 재배/화분 재배] 한랭지에서의 노지 재배는 부적합하다.
[심는 장소 및 놓는 장소] 물 빠짐이 좋고, 햇빛이 잘 드는 장소. 일본 간토 이서 지역에서는 노지에서도 키울 수 있다. 화분에 심은 경우는 따뜻한 처마 밑이나 실내에 놓는다.
[구근 심기 포인트] 화분에 심는 경우 지름 15cm 화분에 구근 5개 정도를 심고, 화분, 노지 모두 구근이 보이지 않을 정도의 깊이로 심는다. 심는 적기는 10~11월.
[관리 요령] 추위에 다소 약하므로 오랫동안 서리가 녹지 않는 장소는 피한다. 정원에 심는 경우는 11월 중순에 심고, 혹한기를 작은 겨울눈 상태로 나게 하면 추위의 영향을 많이 받지 않는다. 화분에 심은 경우는 잎이 시들면 물을 주지 말고, 화분에 심은 그대로 휴면시켜 서늘한 곳에서 관리한다. 노지는 심은 채 그대로 두어도 된다. 품종에 따라 개화 기간이 다르다.
[비료 주기] 밑거름으로 완효성 비료를 주고, 꽃줄기가 자라기 시작하면 액체 비료를 준다.

헤스페란타 '파우키플로라'

라케날리아
[Lachenalia]

[분류] 백합과 라케날리아속
[원산지] 남아프리카
[구근 형태] 비늘줄기
[개화기] 12~4월
[꽃 색] 연노란색, 주황색, 노란색, 빨간색, 파란색, 보라색
[개화기의 풀길이] 10~25cm
[노지 재배/화분 재배] 노지 재배는 부적합하다.
[심는 장소 및 놓는 장소] 겨울에는 햇빛이 잘 드는 처마 밑이나 난방을 하지 않은 실내.
[구근 심기 포인트] 노지 재배는 부적합하다. 화분에 심는 경우, 지름 15cm 화분에 구근 5개 정도를 구근이 보이지 않을 정도의 깊이로 심는다. 심는 적기는 9월~10월.
[관리 요령] 다육질이므로 건조한 환경에 강하지만, 과습에 약하므로 물 빠짐이 좋은 흙에 심고, 용토가 완전히 마르면 물을 준다. 화분에 심은 경우는 2~3년 동안 옮겨 심지 말고 그대로 키우면 된다. 잎이 시들면 물을 주지 말고, 화분에 심은 그대로 휴면시켜 서늘한 곳에서 관리한다.
[비료 주기] 밑거름은 주지 않아도 된다. 생육기인 12~1월에 1개월에 2회 액체 비료를 준다.

왼쪽 위: '하루카제' **오른쪽 위:** '코가네마루' **왼쪽 아래:** '오르키오이데스 글라우키나' **오른쪽 아래:** '스프링 저니'

무스카리 '굴 딜라이트'

무스카리 '마운틴 레이디'

무스카리 '다크 아이'

벨레발리아 '파라독사'

무스카리 '골든 프레그런스'

무스카리 '굴 딜라이트'

무스카리 '블루 매직'

무스카리 보트리오이데스 '알바'

무스카리 '막사벨'

무스카리

[Muscari]

[분류] 백합과 무스카리속
[원산지] 지중해 연안, 남서 아시아
[구근 형태] 비늘줄기
[개화기] 3~5월
[꽃 색] 흰색, 노란색, 파란색, 보라색, 분홍색, 그러데이션
[개화기의 풀길이] 5~25㎝
[노지 재배/화분 재배] 모두 적합하다.
[심는 장소 및 놓는 장소] 물 빠짐이 좋고, 햇빛이 잘 드는 장소.
[구근 심기 포인트] 화분에 심는 경우 지름 15㎝ 화분에 구근 5개 정도를 구근이 보이지 않을 정도의 깊이로 심는다. 노지는 그보다 조금 더 깊이 심는다.

심는 적기는 10~12월 상순.
[관리 요령] 튼튼해서 매우 키우기 쉽다. 몇 년은 심은 채 그대로 두어도 되나, 품종에 따라 고온 다습한 환경에 약한 것도 있다. 또한 아르메니아쿰 등은 잎이 웃자라기 쉬워서 캐낸 후, 11월 하순에 심으면 균형 잡힌 형태로 자란다. 화분에 심은 경우 시들면 화분에 심은 그대로 건조시켜 그늘에 놓고 관리하고, 가을에 물주기를 시작한다.
[비료 주기] 밑거름으로 완효성 비료와 고토석회를 배양토에 골고루 섞어준다.

무스카리 콤무타툼

나리

[Lilium]

[분류] 백합과 백합속
[원산지] 북반구 아열대~아한대 지역
[구근 형태] 비늘줄기
[꽃 색] 흰색, 빨간색, 주황색, 노란색, 분홍색, 그러데이션
[개화기의 풀길이] 20~200㎝
[개화기] 5~8월
[노지 재배/화분 재배] 모두 적합하다.
[심는 장소 및 놓는 장소] 일본에 자생하는 산나리 등의 오리엔탈 하이브리드 계열은 반그늘, 날개하늘나리 계통인 아시아틱 하이브리드 계열은 햇빛이 잘 드는 장소에서 재배.

[구근 심기 포인트] 화분에 심는 경우 지름 18㎝ 화분에 구근 1개 정도를 심는다. 화분은 구근 지름의 3배 이상 깊이의 것을 골라 화분의 1/2 높이보다 약간 깊게 심는다. 노지도 구근 지름의 3~4배 깊이. 심는 적기는 10~2월이나 구근은 건조에 약하므로, 구근을 구입하면 가능한 빨리 심는다.
[관리 요령] 용토는 보수성과 배수성이 좋은 것을 사용하고, 화분에 심은 경우는 건조해지지 않도록 겉흙이 마르면 물을 흠뻑 준다. 노지도 겨울철에 비가 오지 않으면 물을 준다. 노지는 여러 해 심었던 그대로 두어도 된다. 화분에 심은 경우는 꽃이 진 후에 캐내어 버미큘라이트에 묻어서 서늘한 곳에서 관리하고, 가을에 다시 심는다.
[비료 주기] 밑거름으로 퇴비나 부엽토를 골고루 섞어주고, 흙을 소량 넣어 완효성 비료를 준다.

일본나리

날개하늘나리 '디멘션'

나리 '쿠시 마야'

오리엔탈 나리 '마이 웨딩'

라넌큘러스
[Ranumculus]

[분류] 미나리아재비과 미나리아재비속
[원산지] 유럽, 지중해 연안
[구근 형태] 덩이줄기
[개화기] 4~5월
[꽃 색] 흰색, 빨간색, 주황색, 노란색, 분홍색, 그러데이션
[개화기의 풀길이] 25~60cm
[노지 재배/화분 재배] 한랭지에서의 노지 재배는 부적합하다.
[심는 장소 및 놓는 장소] 물 빠짐이 좋고, 햇빛이 잘 드는 장소. 화분에 심은 경우는 서리를 맞지 않는 처마 밑 등 춥고 볕이 드는 장소에 놓는다.
[구근 심기 포인트] 구근에 서서히 물을 흡수시켜 싹을 틔운 후에 심는다(102쪽 참조). 화분에 심는 경우는 지름 18cm 화분에 구근 3개 정도를 구근이 보이지 않는 정도의 깊이로 심는다. 노지도 같은 방법으로 심는다. 심는 적기는 10~11월.
[관리 요령] 추위에 다소 약하지만, 화분에 심을 경우 0℃ 밑으로 내려가지 않는 정도의 추위를 충분히 겪지 않으면, 꽃이 달리지 않거나 빈약해지므로 놓는 곳에 주의한다. 꽃이 진 후에는 화분에 심은 그대로 건조시켜 그늘에서 건조 보관하고, 가을에 다시 심는다.
[비료 주기] 밑거름으로 완효성 비료와 고토석회를 배양토에 골고루 섞어준다. 생육기에는 2~3주에 1회 액체 비료를 준다.

모두 라넌큘러스 겹꽃 품종.

---

method 02

봄에 심어 여름에 꽃이 피는 구근식물 리스트

여름에 개화하는 춘식 구근의 대부분은 열대 지역이나 아열대 지역에서 자생하는 식물입니다.
대부분 추위에 약하므로 늦서리를 피해서 심도록 하세요.

가녀린 작은 꽃부터 대형 품종까지
이국적인 아름다움을 즐긴다

춘식 구근은 열대 지역이나 아열대 지역에서 자생하는 것이 많다. 생육에는 10℃ 이상의 온도가 필요하다. 일본에서는 휴면 시기인 가을에 캐내는데, 최근에는 온난화의 영향으로 일본 간토 이서 지역에서는 노지에서 월동이 가능한 품종도 많아졌다. 제피란서스나 유코미스처럼 구근 내부에 꽃눈이 형성되어 있는 것과 다알리아처럼 생육하여 꽃눈을 형성하는 것이 있다. 비교적 대형 품종이 많은 것도 특징이다.

설난 (로도히폭시스)
[Rhodohypoxis baurii]

[분류] 수선화과 설난속
[원산지] 남아프리카
[구근 형태] 덩이줄기
[개화기] 5~6월
[꽃 색] 흰색, 빨간색, 분홍색
[개화기의 풀길이] 8~10cm
[노지 재배/화분 재배] 화분 재배에 적합하다. 노지는 바위 정원에 적합하다.
[심는 장소 및 놓는 장소] 물 빠짐이 좋고, 햇빛이 잘 드는 장소. 여름은 통풍이 잘되는 반그늘.
[구근 심기 포인트] 화분에 심는 경우 지름 15cm 화분에 구근 10개 정도를 심는다. 화분, 노지 모두 구근이 보이지 않을 정도의 깊이로 심는다. 심는 적기는 3~4월.
[관리 요령] 개화 기간이 길고, 습도가 높은 지역에 자생하므로 생육기에 물을 듬뿍 준다. 꽃이 진 후 잎이 누렇게 변하면 캐내지 말고, 서리를 맞지 않는 곳에서 화분에 심은 그대로 월동시킨다. 구근은 건조한 환경을 싫어하므로 휴면 중에도 완전히 마르지 않을 정도로 물을 준다.
[비료 주기] 배양토에 이탄을 골고루 섞어준다. 생육기에는 2~3주에 1회 액체 비료를 준다.

매해 아름답고 귀여운 꽃이 피어 초보자도 키우기 쉽다.

아시단세라
[Acidanthera]

[분류] 붓꽃과 글라디올러스속
[원산지] 동아프리카
[구근 형태] 알줄기
[꽃 색] 흰색
[개화기의 풀길이] 75~90cm
[개화기] 8~9월
[노지 재배/화분 재배] 모두 적합하다.
[심는 장소 및 놓는 장소] 물 빠짐이 좋고, 통풍이 잘되며 햇빛이 잘 드는 장소.
[구근 심기 포인트] 화분에 심는 경우 지름 15cm 화분에 구근 3개 정도를 3cm 정도의 깊이로 심는다. 노지는 8cm 정도 깊이. 심는 적기는 5~6월.
[관리 요령] 꽃이 많이 달리고, 비교적

키우기 쉽다. 꽃이 진 후 잎이 누렇게 변하기 시작하면 서리가 내리기 전에 구근을 캐내어 5도 이상의 환경에서 건조시켜 관리한다. 일본 간토 이서 지역의 따뜻한 지방에서는 화분, 노지 모두 약간 깊게 심고 멀칭*해주면 월동도 가능하다.
[비료 주기] 밑거름으로 완효성 비료를 소량 준다. 생육기에는 2~3주에 1회 액체 비료를 준다.

*농작물을 재배할 때 땅 위에 짚이나 건초, 비닐 필름 등을 덮어주는 일. 땅의 온도를 높이고 땅의 수분 증발을 막아주며 잡초를 억제하는 효과 등이 있다.

'향글라디올러스'라고도 부르며, 향기가 있다.

옥살리스
[Oxalis]

[분류] 괭이밥과 괭이밥속
[원산지] 열대 지역, 온대 지역
[구근 형태] 비늘줄기
[꽃 색] 흰색, 빨간색, 노란색, 연분홍색 등
[개화기의 풀길이] 10~30cm
[개화기] 6~10월
[노지 재배/화분 재배] 모두 적합하다.
[심는 장소 및 놓는 장소] 물 빠짐이 좋고, 햇빛이 잘 드는 장소.
[구근 심기 포인트] 화분에 심는 경우 지름 15cm 화분에 구근 3~5개 정도를, 화분과 노지 모두 3cm 정도의 깊이로 각각 심는다. 심는 적기는 춘식종은 3~4

월, 추식종은 8~9월. 한랭지에서는 추식종은 서리가 내리기 전에 실내에 들여놓는다.
[관리 요령] 종류가 많아서 특성도 다양하다. 일반적으로 춘식종과 추식종으로 크게 나뉜다. 기본적으로는 튼튼하나, 모두 물 빠짐이 좋고 햇빛이 잘 드는 장소가 아니면 꽃달림이나 생육 상태가 나빠진다. 춘식종은 겨울철 휴면기에 처마 밑으로 옮겨놓는다.
[비료 주기] 밑거름으로 완효성 비료를 주고, 생육기에는 2~3주에 1회 액체 비료를 준다.

위: 옥살리스 펜타로즈 아래: 옥살리스 '브라질 화이트'

칼라
[Zanted eschia]

[분류] 천남성과 물칼라속
[원산지] 남아프리카 등
[구근 형태] 덩이줄기
[꽃 색] 흰색, 빨간색, 주황색, 노란색, 분홍색, 그러데이션
[개화기의 풀길이] 30~100cm
[개화기] 5~7월
[노지 재배/화분 재배] 모두 적합하다.
[심는 장소 및 놓는 장소] 습지성 품종은 보수성이 좋은 양지 또는 반그늘. 건지성 품종은 물 빠짐이 좋은 반그늘. 화분에 심은 경우는 여름에는 통풍이 잘되는 시원한 장소에 놓는다.
[구근 심기 포인트] 화분에 심는 경우 소형종은 지름 15cm 화분에 구근 3개,

대형종은 구근 1개 정도를 5cm 깊이로 심는다. 노지는 8cm 정도 깊이로 심는다. 심는 적기는 3~4월.
[관리 요령] 백색 대륜 습지성 품종인 칼라 '에티오피카'는 노지에 적합하다. 일본 간토 이서 지역에서는 정원에 심은 채 그대로 두어도 된다. 화분에 심은 경우는 물이 마르지 않도록 한다. 꽃 색상도 다양하고 소형종인 에티오피카 계통은 물 빠짐이 좋은 용토에서 키운다. 추위에 약하며, 화분에 심은 경우는 겨울에 물을 주지 말고, 화분에 심은 그대로 건조시켜 실내에서 월동시킨다.
[비료 주기] 밑거름으로 완효성 비료를 소량 준다. 생육기에는 2~3주에 1회 액체 비료를 준다.

습지성 품종인 칼라 '에티오피카'

아마릴리스 '발렌티노'

아마릴리스 '알래스카'

아마릴리스 '릴로나'

아마릴리스 '리모나'

원종 아마릴리스 파필리오

왼쪽부터: '릴로나', '마라케시', '알래스카', '라타투이'

아마릴리스
[Hippeastrum]

[분류] 수선화과 아마릴리스속
[원산지] 남미
[구근 형태] 비늘줄기
[개화기] 4~7월(겨울에 피는 품종이 있다.)
[꽃 색] 흰색, 빨간색, 주황색, 노란색, 녹색, 분홍색, 그러데이션
[개화기의 풀길이] 30~90cm
[노지 재배/화분 재배] 모두 적합하다.
[심는 장소 및 놓는 장소] 통풍이 잘되고, 햇빛이 잘 드는 장소. 한여름은 직사광선을 차단한다.
[구근 심기 포인트] 노지에 심는 경우 우선 화분에 임시로 심고, 서리가 내릴

확률이 없어졌을 때 구근의 1/5 위쪽이 나올 정도로 얕게 심는다. 화분의 경우는 지름 18cm 이상의 화분에 대형 구근은 1개, 소형 구근은 2~3개를 구근의 2/5 위쪽이 나올 정도로 얕게 심는다. 심는 적기는 3~4월.
[관리 요령] 퇴비나 부엽토를 골고루 섞은 물 빠짐이 좋은 흙에 심는다. 가을에 잎이 누렇게 변하면 화분에 심은 경우는 물을 주지 말고 건조시켜 처마 밑 등, 비를 맞지 않는 따뜻한 장소에 옮겨놓는다. 일본 간토 이서 지역에서는 노지라도 멀칭을 해주면 월동할 수 있다.
[비료 주기] 밑거름으로 퇴비나 부엽토를 골고루 섞어주고, 다시 완효성 비료를 준다. 꽃이 진 후에는 꽃줄기를 자르고 완효성 비료를 준다.

아마릴리스 '스위트 식스틴'

키르탄서스
[Cyranthus]

[분류] 수선화과 키르탄투스속
[원산지] 남아프리카
[구근 형태] 비늘줄기
[개화기] 12~2월, 8월
[꽃 색] 흰색, 주홍색, 주황색, 노란색, 진분홍색, 연분홍색
[개화기의 풀길이] 20~30cm
[노지 재배/화분 재배] 한랭지에서의 노지 재배는 부적합하다.
[심는 장소 및 놓는 장소] 물 빠짐이 좋고, 햇빛이 잘 드는 장소.
[구근 심기 포인트] 화분에 심는 경우 소형종은 지름 15cm 화분에 구근 3~5개, 대형종은 구근 1개 정도를 화분, 노

지 모두 구근의 1/5 위쪽이 보일 정도의 깊이로 심는다. 심는 적기는 3~4월 또는 10월.
[관리 요령] 반상록성 종인 마케니와 그 교배종은 내한성이 있다. 일본 간토 이서 지역은 화분, 노지 모두 겨울 동안 계속 피어 심은 채 그대로 두어도 튼튼하게 자란다. 한여름은 반휴면 상태가 되므로 통풍이 잘되는 곳에서 조금 건조하게 관리하고, 10월에 다시 통상적인 물주기를 한다. 봄에 심어 여름에 꽃이 피는 상귀네우스 등은 과습에 약하므로 겉흙이 마르면 물을 흠뻑 준다.
[비료 주기] 비료를 많이 주는 것은 금물. 생육기에 2~3주에 1회 액체 비료를 준다.

왼쪽: 키르탄투스 마케니 '스칼릿' **오른쪽:** '팔카투스'

글라디올러스
[Gladiolus]

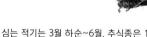

[분류] 붓꽃과 글라디올러스속
[원산지] 남아프리카, 지중해 연안
[구근 형태] 알줄기
[꽃 색] 흰색, 빨간색, 주황색, 노란색, 보라색, 분홍색, 그러데이션
[개화기의 풀길이] 60~120cm
[개화기] 6월 하순~9월
[노지 재배/화분 재배] 모두 적합하다.
[심는 장소 및 놓는 장소] 춘식종, 추식종 모두 물 빠짐이 좋고 햇빛이 잘 드는 장소.
[구근 심기 포인트] 화분에 심는 경우 지름 21cm 화분에 구근 3개 정도를 3cm 깊이로 심는다. 노지는 8cm 깊이로 심는

다. 심는 적기는 3월 하순~6월. 추식종은 11월 하순~12월 중순.
[관리 요령] 70일 정도에 개화하는 조생종이나, 100일 정도 걸리는 만생종 등이 있으니 특성을 확인하고 선택한다. 봄에 심는 대륜종은 쓰러지기 쉽고 더위에 노출되면 굽어버리므로 지지대가 필요하지만, 가을에 심는 품종은 소형이므로 지지대는 필요 없다. 모두 잎이 누렇게 변하면 캐내어 건조시켜서 실내에서 보관한다.
[비료 주기] 밑거름으로 퇴비나 부엽토를 골고루 섞어주고, 다시 완효성 비료를 준다. 생육기에는 2~3주에 1회 액체 비료를 준다.

봄 개화종 '카르네우스'와 대형 여름 개화종.

크로코스미아
[Crocosumia]

예전 이름인 '몬트부레치아'로도 불린다.

[분류] 붓꽃과 애기범부채속
[원산지] 남아프리카, 열대 아프리카
[구근 형태] 비늘줄기
[개화기] 6~8월 중순
[꽃 색] 빨간색, 주황색, 노란색
[개화기의 풀길이] 45~150㎝
[노지 재배/화분 재배] 모두 적합하다.
[심는 장소 및 놓는 장소] 물 빠짐이 좋고, 햇빛이 잘 드는 장소. 꽃의 개수가 적어지기는 하지만 반그늘에서도 키울 수 있다.
[구근 심기 포인트] 화분에 심는 경우 지름 18cm 화분에 구근 5개 정도를 심는다. 그리고 화분과 노지 모두 5㎝ 정

도의 깊이로 심는다. 심는 적기는 3~4월.
[관리 요령] 내한성, 내서성이 있으며 매우 튼튼하다. 일본 간토 이서 지역에서는 심은 채 그대로 두는 편이 포기가 풍성해진다. 포기가 무성해져 꽃의 자태가 흐트러지면 잎이 누렇게 변할 무렵 캐내어 포기나누기를 한다. 한랭지에서도 마찬가지로 캐내어 건조 보관하고, 봄에 다시 심는다.
[비료 주기] 밑거름으로 완효성 비료를 준다. 꽃이 진 후에도 계속 완효성 비료를 준다.

제피란서스
[Zephyranthes]

제피란서스 '아프리콧 퀸'

[분류] 수선화과 나도사프란속
[원산지] 중남미
[구근 형태] 비늘줄기
[꽃 색] 흰색, 아이보리색, 크림색, 빨간색, 노란색, 진노랑색, 연분홍색, 진분홍색
[개화기의 풀길이] 10~25㎝
[개화기] 6~10월
[노지 재배/화분 재배] 모두 적합하다.
[심는 장소 및 놓는 장소] 물 빠짐이 좋고, 햇빛이 잘 드는 장소가 이상적이나, 반그늘에서도 키울 수 있다.
[구근 심기 포인트] 화분에 심는 경우 지름 15㎝ 화분에 구근 3~5개 정도를 심는다. 그리고 화분, 노지 모두 구근의

1/5 위쪽이 보일 정도의 깊이로 심는다. 심는 적기는 3~6월 중순.
[관리 요령] 물 빠짐만 좋으면 장소를 가리지 않고, 튼튼해서 키우기 쉽다. 건조와 습도의 변화를 주면 탐스럽게 핀다. 특히 흰색의 칸디다는 튼튼한 품종이므로 심은 채 그대로 두어도 된다. 유색 품종은 따뜻한 지역에서는 멀칭을 하면 월동이 가능하다. 한랭지에서는 잎이 누렇게 변하면 캐내어 건조 보관한다. 비가 온 후에 개화하므로 하브란서스와 함께 '레인 릴리'라고 불린다.
[비료 주기] 밑거름으로 배양토에 부엽토를 골고루 섞어주고, 다시 완효성 비료를 소량 준다. 생육기에는 2~3주에 1회 액체 비료를 준다.

하브란서스
[Haburanthus]

하브란서스 '체리 핑크'

[분류] 수선화과 하브란투스속
[원산지] 중남미
[구근 형태] 비늘줄기
[개화기] 6~10월
[꽃 색] 노란색, 연분홍색, 금색에 기부가 적갈색, 연분홍색에 기부가 짙은 적자색
[개화기의 풀길이] 10~20㎝
[노지 재배/화분 재배] 모두 적합하다.
[심는 장소 및 놓는 장소] 물 빠짐이 좋고 햇빛이 잘 드는 장소가 이상적이나, 반그늘에서도 키울 수 있다.
[구근 심기 포인트] 화분에 심는 경우 지름 15㎝ 화분에 구근 5개 정도를 심는다. 그리고 화분과 노지 모두 구근의 2/5 위

쪽이 보일 정도의 깊이로 각각 심는다. 심는 적기는 3~4월.
[관리 요령] 초여름에서 가을에 걸쳐 하나의 구근에서 수차례 꽃이 피어 오랫동안 꽃을 즐길 수 있다. 물은 마르면 흠뻑 주고, 건조와 습도의 변화를 주면 꽃이 탐스럽게 핀다. 일본 간토 이서 지역의 따뜻한 지방에서는 멀칭을 하면 월동이 가능하다. 한랭지에서는 잎이 누렇게 변하면 캐내어 건조 보관한다. 화분에 심은 경우는 그대로 건조시켜 서리를 맞지 않도록 처마 밑에 놓는다.
[비료 주기] 밑거름으로 배양토에 부엽토를 골고루 섞어주고, 다시 완효성 비료를 소량 준다. 생육기에는 2~3주에 1회 액체 비료를 준다.

다알리아 '코쿠초'

포멀 데커레이티브형 다알리아

청초한 인상을 주는 다알리아 '사이세츠'

세미 캑터스형 다알리아

다알리아 '나마하게 치크'

다루기 쉬운 화분용 왜성종

5월 상순에 심어 8월에 꽃이 피기 시작한다.

다알리아
[Dahlia]

[분류] 국화과 다알리아속
[원산지] 멕시코, 과테말라
[구근 형태] 덩이뿌리
[개화기] 6~11월
[꽃 색] 흰색, 빨간색, 노란색, 보락색 계열, 연분홍색 등
[개화기의 풀길이] 30~150㎝
[노지 재배/화분 재배] 모두 적합하다.
[심는 장소 및 놓는 장소] 물 빠짐이 좋고, 햇빛이 잘 드는 장소. 여름에는 시원한 장소.
[구근 심기 포인트] 화분에 심는 경우 지름 30㎝ 화분에 구근 1개 정도를 10㎝ 정도의 깊이로 심는다. 노지는 8㎝ 깊이. 심는 적기는 3~6월 중순. 구근의 목 부분의 눈이 꺾이지 않게 주의하여 다룬다.

[관리 요령] 일본 간토 이서 지역에서는 여름 더위를 피하기 위해 6월 중순 무렵에 심으면 꽃이 한창 피는 시기인 가을이 되었기 때문에 생육이 잘된다. 방치해두면 모양이 흐트러지므로 순지르기(108쪽 참조)를 한다. 더워지면 급격히 생육이 저하되어 지저분해 보이므로 아침저녁으로 물을 충분히 뿌려주고, 화분의 경우는 시원한 곳으로 옮겨놓는다. 잎이 누렇게 변하면 일본 간토 이서 지역에서는 멀칭을 하여 월동시킨다. 화분에 심은 경우는 물을 주지 말고, 처마 밑에서 관리한다.
[비료 주기] 비료를 많이 필요로 하므로 밑거름으로 퇴비나 부엽토를 배양토에 많이 섞어주고, 완효성 비료를 혼합해준다. 생육기에는 2~3주에 1회 액체 비료를 준다.

대형종이며 매혹적인 빛깔의 다알리아 '카게보우시'.

히메노칼리스
[Hymenocallis]

[분류] 수선화과 히메노칼리스속
[원산지] 북미남부~남미
[구근 형태] 비늘줄기
[개화기] 6~8월
[꽃 색] 흰색, 연한 황백색
[개화기의 풀길이] 40~80㎝
[노지 재배/화분 재배] 모두 적합하다.
[심는 장소 및 놓는 장소] 물 빠짐이 좋고, 햇빛이 잘 드는 장소. 한여름은 밝고 그늘진 곳으로 옮겨놓거나 직사광선을 차단한다.
[구근 심기 포인트] 화분에 심는 경우 지름 21㎝ 화분에 구근 1개 정도를 심는다. 그리고 화분과 노지 모두 구근의 1/5 위쪽이 보일 정도의 깊이로 심는다. 심는 적기는 4~5월.
[관리 요령] 개화 기간은 짧으나, 향기가 나는 품종이 인기 있다. 겉흙이 마르면 물을 흠뻑 준다. 추위에 약하므로 잎이 누렇게 변하면 캐내어 화분에 임시 심기를 한다. 난방을 하지 않은 실내에서 가끔 물을 주며 월동시킨다. 흙을 털어낼 경우는 물에 씻어서 그늘에서 말린 후, 축축한 피트모스와 같이 넣어 보관한다.
[비료 주기] 밑거름으로 배양토에 퇴비를 골고루 섞어주고, 다시 완효성 비료를 소량 준다. 생육기에는 2~3주에 1회 액체 비료를 준다.

히메노칼리스 '페스탈리스'

꽃줄기 끝에는 '포엽'이라고 하는 잎이 모여난다.

유코미스 '풍크타타'

유코미스
[Ecomis]

흰색 꽃은 모두 유코미스 '오팔', 보라색 꽃은 '루비'

[분류] 백합과 유코미스속
[원산지] 남아프리카, 중앙아프리카
[구근 형태] 비늘줄기
[개화기] 7~8월
[꽃 색] 흰색, 빨간색, 보라색, 분홍색
[개화기의 풀길이] 50~100㎝
[노지 재배/화분 재배] 모두 적합하다.
[심는 장소 및 놓는 장소] 물 빠짐이 좋고, 햇빛이 잘 드는 장소.
[구근 심기 포인트] 화분에 심는 경우 구근의 크기에 맞춰 지름 15~24㎝ 화분에 구근 1개 정도를 심는다. 그리고 화분과 노지 모두 구근이 보이지 않을 정도의 깊이로 심는다. 심는 적기는 3~4월.
[관리 요령] 은은한 향기가 나고 꽃이 파인애플처럼 생겨서 '파인애플 릴리'라고도 부른다. 비교적 개화 기간이 길고, 키우기 쉽다. 노지는 일본 간토 이서 지역의 따뜻한 지방에서는 심은 그대로 두어도 된다. 여름에는 노지라도 물을 준다. 한랭지에서는 잎이 누렇게 변하면 흙을 털어내고 건조시켜 실내에서 보관한다. 화분에 심은 경우는 추워지면 물을 주지 말고, 건조시켜 화분에 심은 그대로 실내로 옮겨놓는다.
[비료 주기] 밑거름으로 배양토에 부엽토를 많이 섞어주고, 다시 완효성 비료를 소량 준다. 생육기에는 2~3주에 1회 액체 비료를 준다.

구근베고니아
[Begonia×tubrhybhida]

[분류] 베고니아과 베고니아속
[원산지] 안데스 고지
[구근 형태] 덩이줄기
[개화기] 6~7월
[꽃 색] 흰색, 빨간색, 주황색, 노란색, 분홍색, 그러데이션
[개화기의 풀길이] 30~40cm
[노지 재배/화분 재배] 화분 재배에 적합하다.
[심는 장소 및 놓는 장소] 물 빠짐이 좋고, 햇빛이 잘 드는 장소. 더위에 약하므로 여름에는 그늘로 옮겨놓거나 직사광선을 차단한다.
[구근 심기 포인트] 축축하게 적신 버미

큘라이트로 발아시킨(102쪽 참조) 후, 화분에 심는 경우는 지름 15cm 화분에 구근 1개 정도를 구근이 보이지 않을 정도의 깊이로 심는다. 노지에는 부적합하다. 심는 적기는 3월 ~4월.
[관리 요령] 추위에 약하므로 4월까지는 실내의 창가에 놓고, 따뜻해지면 실외의 양지바른 곳에 놓는다. 30℃가 넘으면 손상되므로 시원한 그늘로 옮겨놓고, 기온이 내려가면 다시 양지에 놓는다. 잎이 누렇게 변하면 화분에 심은 그대로 건조시켜 실내에서 관리한다.
[비료 주기] 밑거름으로 배양토에 부엽토를 많이 섞어주고, 다시 완효성 비료를 소량 준다. 생육기에는 2~3주에 1회 액체 비료를 준다.

5월 상순에 심으면 7월 하순에 꽃이 피기 시작한다.

---

method 03

여름에 심어 가을에 꽃이 피는 구근식물 리스트

여름 끝 무렵에 심으면 그해 가을에 꽃이 피는 것이 하식 구근입니다.
석산이라는 이름으로 유명한 리코리스를 비롯해 네리네와 사프란 등이 있습니다.

구근 심는 시기를 놓치지 말고
가을 정원에 화사함을 더해보자

초여름에 휴면하여 8월 무렵에 깨어나 가을에 꽃이 달리는 것이 하식 구근이다. 개화 후에 일단 지상부가 없어지지만, 내한성이 있어서 어느 정도 지나면 잎눈만 올라와 생장한다. 추식 구근이나 춘식 구근에 비해 종류는 적지만, 심은 후부터 개화까지의 기간이 짧아서 부담 없이 즐길 수 있는 종류가 많은 것이 특징이다. 풀길이 50~60cm 이하의 작은 식물이 대부분이며, 꽃이 적은 시기에 개화하므로 정원의 명조연으로 활약한다.

콜키쿰
[Colchicum]

[분류] 백합과 콜키움속
[원산지] 남아프리카, 중앙아프리카
[구근 형태] 알줄기
[개화기] 10~11월
[꽃 색] 흰색, 보라색, 분홍색
[개화기의 풀길이] 7~20cm
[노지 재배/화분 재배] 모두 적합하다.
[심는 장소 및 놓는 장소] 물 빠짐이 좋고, 햇빛이 잘 드는 장소.
[구근 심기 포인트] 화분에 심는 경우 지름 15cm 화분에 구근 1개 정도를 심는다. 그리고 화분과 노지 모두 구근이 보이지 않을 정도의 깊이로 각각 심는다. 심는 적

기는 8~9월.
[관리 요령] 밝은 실내에서는 놓아두기만 해도 꽃이 피지만, 구근은 소멸한다. 꽃이 진 후에 바로 흙에 심으면 이듬해에도 개화를 기대할 수 있다. 노지에서는 물 빠짐이 좋은 장소에 심은 채 그대로 두는 편이 더 잘 자란다. 화분에 심은 경우는 잎이 누렇게 변하면 캐내어 건조 보관하고, 8월 하순에 다시 심는다.
[비료 주기] 밑거름으로 배양토에 퇴비를 많이 섞어주고, 다시 완효성 비료를 준다. 생육기에는 2~3주에 1회 액체 비료를 준다.

콜키쿰 '더 자이언트'

사프란
[Crocus sativus]

[분류] 붓꽃과 크로커스속
[원산지] 남유럽
[구근 형태] 알줄기
[개화기] 10~11월
[꽃 색] 보라색
[개화기의 풀길이] 7~20cm
[노지 재배/화분 재배] 모두 적합하다.
[심는 장소 및 놓는 장소] 물 빠짐이 좋고, 햇빛이 잘 드는 장소.
[구근 심기 포인트] 화분에 심는 경우 지름 15cm 화분에 구근 10개 정도를 심는다. 그리고 화분과 노지 모두 구근이 보이지 않을 정도의 깊이로 각각 심는다. 심는 적기는 8~9월.

[관리 요령] 가을에 개화하는 크로커스의 일종이며, 밝은 실내에 놓아두기만 해도 꽃이 피지만, 구근이 소멸되므로 꽃이 진 후에는 바로 흙에 심는다. 노지는 물 빠짐이 좋은 장소에 3년 정도 그대로 심어두는 편이 더 잘 자란다. 화분에 심은 경우는 잎이 누렇게 변하면 캐내어 건조 보관하고, 8월 하순에 다시 심는다.
[비료 주기] 밑거름으로 배양토에 퇴비를 많이 혼합하여 골고루 섞어준다. 생육기에는 2~3주에 1회 액체 비료를 준다.

11월 중순 실내 창가에서 만개하는 사프란.

네리네(다이아몬드 릴리)
[Nerine]

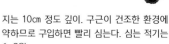

[분류] 수선화과 네리네속
[원산지] 남아프리카
[구근 형태] 비늘줄기
[개화기] 9~11월
[꽃 색] 흰색, 빨간색, 주황색, 분홍색
[개화기의 풀길이] 30~90cm
[노지 재배/화분 재배] 노지 재배는 부적합하다.
[심는 장소 및 놓는 장소] 통풍이 잘되고, 햇빛이 잘 드는 장소. 서리를 맞을 우려가 있는 경우는 난방을 하지 않은 무가운 실내의 창가에 옮겨놓는다.
[구근 심기 포인트] 화분에 심는 경우 물 빠짐이 좋은 용토를 사용하고, 지름

12cm 화분에 구근 1개 정도를 구근의 2/5 위쪽이 보일 정도의 깊이로 심는다. 큰 화분은 과습 상태가 되어 썩기 쉽다. 심는 적기는 8~9월.
[관리 요령] 기본적으로 약간 건조한 상태로 키운다. 심을 때 물을 주고, 이후 1주일 정도 물을 주지 않는다. 이후에는 선선해질수록 물을 더 자주 준다. 꽃이 진 후에는 꽃줄기를 자르고, 잎이 시들면 화분에 심은 그대로 건조시킨다. 3~4년은 옮겨 심지 말고, 9월에 묵은 겉흙을 갈아주는 정도만 한다. 꽃은 3주 가까이 계속 핀다.
[비료 주기] 잎이 있는 1월에 2회 정도 묽게 희석한 액체 비료를 준다.

네리네 사르니엔시스 화이트

리코리스
[Lycoris]

[분류] 수선화과 상사화속
[원산지] 남아프리카, 중앙아프리카
[구근 형태] 비늘줄기
[개화기] 7~10월
[꽃 색] 흰색, 빨간색, 노란색, 보라색, 분홍색, 그러데이션
[개화기의 풀길이] 30~60cm
[노지 재배/화분 재배] 모두 적합하다.
[심는 장소 및 놓는 장소] 통풍이 잘되고, 햇빛이 잘 드는 장소. 노지는 반그늘에서도 키울 수 있다.
[구근 심기 포인트] 화분에 심는 경우 지름 18cm 화분에 구근 5개 정도를 구근이 보이지 않을 정도의 깊이로 심는다. 노

지는 10cm 정도 깊이. 구근이 건조한 환경에 약하므로 구입하면 빨리 심는다. 심는 적기는 6~8월.
[관리 요령] 튼튼해서 키우기 쉽다. 겉흙이 마르면 물을 흠뻑 준다. 3~4년 그대로 두고, 포기가 무성해지면 휴면기에 포기나누기를 하여 바로 심어준다. 품종에 따라 개화기가 다르며, '붉은백양꽃이'라고 부르는 상귀네아는 7월에 개화한다. 리코리스 아우레아는 10월에 개화하며 다소 추위에 약하다.
[비료 주기] 밑거름으로 배양토에 부엽토를 많이 혼합하여 잘 섞어주고, 다시 완효성 비료를 준다. 생육기에는 2~3주에 1회 액체 비료를 준다.

잉카르나타 상사화

스프렌게리 상사화

구근식물의 구조와 심오한 이야기

저장한 양분을 이용해 아름다운 꽃을 피우고, 번식해나가는 구근식물.
그 아름다움에 매료된 유럽인들에게 광적인 사랑을 받은 역사가 있습니다.

System 01

구근식물은 왜 양분을 저장하고 있을까?

혹독한 계절에 살아남기 위한 지혜

구근은 더위나 추위, 건조 등 생육에 혹독한 계절에는 땅 위의 잎을 시들게 하고 휴면에 들어가 양분을 비축한다. 생육기에는 지상부를 생장시키면서 자구를 만들어 번식한다. 씨로 번식하는 방법도 있으나, 구근이 더 빠르고 개화 확률이 높기 때문에 확실한 번식 방법이다. 구근이 양분을 저장하는 것은 과혹한 환경 속에서 살아남아 번식하기 위한 고도화된 진화의 결과인 것이다.

System 02

구근식물과 원생지와의 관계

원생지와 비슷한 환경에서 키운다

구근은 혹독한 환경에서 살아남기 위해 발달한 기관이므로, 생육하기에는 원생지에 가까운 환경이 적합하다. 각각 구근의 원생지를 알면 특성이나 다루는 방법을 알 수 있다. 대부분의 추식 구근의 원생지인 지중해 연안은 여름은 고온 건조하며, 겨울은 비교적 온난하고 비가 많이 오는 기후이다. 토양은 석회 성분이 있는 자갈이 많다. 추식 구근을 키울 때는 이러한 환경에 가깝게 만들어주는 것이 중요하다.

System 03

환경에 따라 자력으로 움직이기도 한다

생육 환경을 찾아 이동한다

일부 구근은 뿌리의 힘으로 스스로 적합한 위치로 이동할 수 있다. 예를 들면 나리나 글라디올러스는 얕게 심으면 구근의 밑부분에 자란 뿌리를 수축시켜 깊은 위치로 내려온다. 또한 원종계 튤립인 클루시아나나 바케리, 리니폴리아는 적합한 온도나 습도, 양분을 찾아 1년에 15~30cm씩이나 이동하기도 하고 깊이 숨어드는 경우도 있다.

주요 구근식물의 원생지

- **지중해 연안** 라넌큘러스/ 무스카리/ 설강화/ 수선화/ 시클라멘/ 아네모네/ 오니소갈룸/ 은방울수선화/ 크로커스/ 키오노독사/ 튤립/ 히아신스
- **남아프리카** 글라디올러스/ 라케날리아/ 바비아나/ 아시단세라/ 옥살리스/ 유코미스/ 익시아/ 크로코스미아/ 키르탄서스/ 프리지아
- **아시아** 나리/ 상사화/ 실라/ 알리움/ 패모
- **남아메리카** 다알리아/ 아마릴리스/ 제피란서스/ 하브란서스

분홍색 물망초 사이에 핀 튤립과 실라.

System 04

활동 개시와 정지는 온도에 의해 촉진된다

기온에 반응하며 활동 정지와 개시를 반복한다

구근에는 1년의 생육 주기가 있는데, 이것은 기온의 변화와 매우 밀접한 관계가 있다. 구입할 때 구근이 휴면기 상태라도 그 내부에서는 외부 기온에 맞춰 꽃눈이나 잎, 줄기의 생육이 진행되고 있는 것이다. 여름철 더운 시기부터 점점 선선해지고 겨울철 추위를 겪는 것까지 기온의 변화에 따라 생장하기 위한 준비를 단단히 해둔다. 그리고 봄이 되어 기온이 상승하면 활동을 시작하여 개화한다. 이러한 특성을 이용하여 개화기를 앞당기는 촉성 재배를 한다.

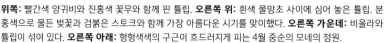

위쪽: 빨간색 양귀비와 진홍색 꽃무와 함께 핀 튤립. **오른쪽 위:** 흰색 물망초 사이에 심어 놓은 튤립. 분홍색으로 물든 벚꽃과 검붉은 스토크와 함께 가장 아름다운 시기를 맞이했다. **오른쪽 가운데:** 비올라와 튤립이 섞여 있다. **오른쪽 아래:** 형형색색의 구근이 흐드러지게 피는 4월 중순의 모네의 정원.

Extra 01

17세기의 투기 열풍 '튤립 마니아'

희귀종 거래 열풍

식물이 장식용으로 사용되기 시작한 17세기 무렵, 네덜란드에 다수의 튤립이 유입되면서 희귀 품종이 비싼 값에 거래되었다. 특히 꽃잎에 무늬가 있는 품종은 투기 목적의 거래 열풍이 불어 1634~1637년에는 '튤립 마니아'라고 부르는 튤립 구근에 대한 투기 과열 현상이 일어나면서, 구근 1개당 평균 연간 수입의 50배에 달하는 가격이 형성되기도 했다.

Extra 02

네덜란드 구근 산업의 아버지 '샤를 드 레클루스'

튤립 마니아의 시발점

16세기의 프랑스 의사 샤를 드 레클루스(카롤루스 클루시우스)는 유럽에서 오래된 식물원으로 손꼽히는 '레이던 대학 식물원' 설립에 온 힘을 쏟았다. 어느 날 튤립 연구를 하던 중 얼룩무늬 돌연변이를 발견하게 되었고, 이것이 이후 광란이 일어나게 되는 시발점이 되었다. '네덜란드 구근 산업의 아버지'로도 알려진 그가 식물 애호가에게 받은 원종계 튤립은 훗날 '클루시아나'라는 이름이 붙여졌다.

Extra 03

모네의 정원을 통해 보는 구근식물의 아름다움

화려한 배색에 주목!

프랑스 지베르니의 '모네의 정원'에는 매우 많은 구근이 사용되었다. 부지 정면의 약 9000㎡에 달하는 광대한 정면 정원 전체에 구역이 나뉜 화단이 펼쳐진다. 4월은 수선화, 튤립, 실라. 5월은 아이리스나 알리움, 작약. 6~7월은 다알리아나 글라디올러스로 이어지며 끊임없이 아름다운 꽃이 핀다. 한해살이 화초와 여러해살이 화초, 구근의 다채로운 배색과 조합이 장관을 이룬다.

신기한 구근식물 이야기, 다양한 즐거움과 신비로움

흙 없이도 식물이 스스로 비축해놓은 영양분으로 꽃 피우기,
드라이플라워 만들기, 구근 채소나 희귀 품종을 재배하기 등
다양하게 즐기는 방법을 소개합니다. 분명 그 매력에 매료될 거예요.

Chapter 05

물이나 흙을 사용하지 않고 키울 수 있는 구근식물

물도, 흙도 사용하지 않고 비축해놓은 양분만으로 꽃을 피우는 구근식물이 있습니다.
나만의 특별한 공간에 장식해 놓고 꽃의 아름다움을 만끽해보세요.

12월 상순에 만개한 나폴리 시
클라멘. 꽃눈이 잇따라 올라오
고 있다.

Bulbous plant 01

원종 시클라멘
[Cyclamen]

신비로운 형태와
소박한 작은 꽃이 매력적

시클라멘의 구근은 새로운 자구를 만들지 않고, 같은 구근
이 어느 정도의 크기까지 비대해지며 생장한다. 나폴리 시
클라멘은 원종계 시클라멘 중에서는 키우기 쉬운 품종이
며, 가을에서 겨울에 걸쳐 개화하고, 꽃이 진 후에 잎이 나
온다. 초가을부터 유통하기 시작한다. 손바닥 정도 크기의
구근을 구입할 때는 꽃눈을 확인할 수 있는 것을 고르면
좋다.

비축한 양분만으로 아름다운 꽃을 피운다
꽃이 진 후에는 잊지 말고 양분 보충

자생지인 지중해 연안의 과혹한 환경에서 살아남기 위해 영양분을 비축하는 저장 기관이 발달된 구근식물. 그 중에서도 물이나 영양제 등을 일절 사용하지 않고 스스로 지닌 양분만으로 꽃을 피우는 품종이 있다. 번거롭게 온도 관리를 할 필요도 없고, 장식품처럼 좋아하는 장소에 놓아두고 즐길 수 있는 것이 매력이다. 다만 어두운 장소에서는 꽃 색이 옅어지므로 조금은 햇빛이 들어오는 밝은 장소에 놓아두도록 하자. 꽃이 진 후의 구근은 양분이 많이 소모된 상태이므로 이듬해에도 꽃을 즐기고 싶은 경우에는 바로 화분에 옮겨 심도록 한다.

[시클라멘의 성장 과정]

꽃눈이 올라온 상태

작은 꽃눈이 달린 구근을 구입해 2~3주 후. 꽃눈이 많이 올라왔다.

꽃이 몇 송이 피기 시작했다

11월 하순 첫 번째 꽃눈이 개화하기 시작하여 창가로 옮겨놓았다.

잎이 아직 남아 있는 가을과 겨울의 상태

꽃이 지고 잎이 튼실하게 자라기 시작한 2월 하순 무렵의 모습. 개화를 모두 마친 후에는 가능한 빨리 흙에 심어 구근이 살짝 가려질 정도로 흙을 덮고, 햇빛이 잘 드는 곳에 놓아둔다.

사프란
[Crocus sativus]

연보라색 꽃을 한데 모아
대담한 장식을 즐긴다

옛날부터 약이나 염색, 요리 등 다양한 용도로 사용되고
있는 사프란은 구근만으로도 꽃을 피울 수 있다. 사프란은
크로커스의 일종이나, '봄 개화종 크로커스'와는 다르다.
구근의 크기가 크고, 내부에서는 개화를 위한 모든 준비가
되어 있는 상태이며, 이미 꽃줄기가 자란 경우도 있다. 구
근 그대로 접시 같은 것에 여러 개 모아 놓으면 귀여운 꽃
장식에 매료된다.

[수술 채취 방법]

수술을 향신료로 사용한다

말린 사프란의 수술은 예전부터
향신료로 사용했으며, 금처럼
중량 단위로 거래될 만큼 귀하게
여겼다. 수술을 채취할 경우는
꽃이 진 후에 빨리 빼내도록 한
다. 채취 방법은 빨갛게 튀어나
온 수술 3개를 손으로 잡아 뽑
아낸다. 완전히 건조시킨 후 병
등에 넣어 보관한다.

[이듬해를 위해 양분을 보충해준다]

꽃이 진 후에 구근을
튼실하게 키운다

구근만으로 꽃을 피우면 상당히
많은 양분이 소모되어 이듬해에
는 꽃이 피지 않는 경우가 많다.
그래서 물 빠짐이 좋은 흙에 옮
겨 심고, 액체 비료를 2주에 1회
주며 구근을 살찌운다.

11월 하순에 만개한 사프란.
수경 재배나 화분에 심은 경
우 조금 더 늦게 개화한다.

Bulbous plant 03

콜키쿰
[Colchicum]

기품 있는 꽃 색깔이 매력
아름다우면서도 독을 지닌 식물

콜키쿰 아우툼날레는 꽃이 사프란과 비슷하게 생겼지만 전혀 다른 품종이며, 유독 식물로 알려져 있다. 어느 장소에서든 꽃은 피지만 꽃이 햇빛을 보지 않으면 꽃 색깔이 옅어지므로, 꽃눈이 올라오면 햇빛이 비치는 장소에 놓도록 한다.

겹꽃 품종 콜키쿰 '워터릴리'. 12월 무렵부터는 잎이 나오기 시작하므로 꽃이 진 후에 바로 화분에 옮겨 심는다. 햇빛 잘 드는 곳에서 관리하면 이듬해에도 개화를 기대할 수 있다.

Bulbous plant 04

아마릴리스
[Hippeastrum]

구근 자체의 양분만으로 개화하는
화려한 대륜화

시중에서 판매하는 아마릴리스의 구근은 내부에 이미 꽃눈이 형성되어 있으며 개화까지의 양분을 머금고 있다. 봄이 가까워지면서 온도가 상승하고 햇빛을 받으면 꽃눈을 틔우기 위한 활동을 시작한다. 이듬해에도 꽃을 즐기고 싶다면, 꽃이 진 후에 바로 꽃줄기의 밑동을 잘라 잎이 나오기 전에 흙에 심어준다. 따뜻해지면 실외의 햇빛이 잘 드는 장소에서 키우고, 잎이 누렇게 변하면 캐내어 서리를 맞지 않는 장소에서 관리한다.

구근은 가을에서 겨울에 걸쳐 유통된다. 구입한 후 따뜻한 창가에 놓는다. 아마릴리스 '테라코타 스타'.

[아마릴리스의 성장 과정]

털깃털이끼를 깔아놓은
상태에서의 성장 모습

유리 화병에 털깃털이끼를 깔고, 구근을 넣는다. 털깃털이끼가 없어도 개화한다. 2는 4주 후의 상태.

싹이 자라 개화한 후
꽃이 진 모습

1의 구근에서 2개의 싹이 나와 1에서 6주 후에 개화했다. 그로부터 2주 후 꽃이 졌다.

꼬투리가 부풀어 올라
씨를 맺기 시작한다

1에서 10주 후 꼬투리가 부풀었다. 다음 해에도 꽃을 피울 경우에는 꽃줄기를 잘라내고 흙에 심는다.

아마릴리스 '스위트 식스틴'

목제 벽난로 선반을 화분대로 이용하여
대형 쉐플레라와 함께 다양한 코덱스 식
물괴근 식물과 구근식물을 장식해놓았다.

뿌리나 줄기가 비대화한 개성파 식물로 실내 그린 인테리어를 즐기자

비대해진 줄기나 몸통, 뿌리의 모습이 인상적인 코덱스 식물.
실내 그린 인테리어로 장식하여 생활 공간을 한층 더 세련되게 꾸며보세요.

기이한 모양이 매력
개성적인 괴근식물을 키워보자

구근식물이라고 하면 주로 꽃을 감상하는 것을 일컫는 경우가 많으나, 그 분류 방법이 모호하다. 구근이 달려 있어도 해오라비난초나 은방울꽃처럼 난 종류나 숙근초로 분류하는 식물도 있다.

또한 최근 인기를 끌고 있는 '코덱스caudex'라고 부르는 '괴근식물'은 원래 뿌리에 해당하는 부분이 비대화한 식물을 말한다. 일반적으로는 줄기나 몸통이 비대해진 것도 포함된다. 대부분 원산지의 건기나 가뭄에 견딜 수 있도록 비대해진 부분에 수분이나 양분을 가득 비축하고 있다.

여기에서는 비대화하여 둥근 모양이나 덩어리 모양이 된 뿌리나 줄기의 형태를 즐기는 식물이나, 관엽식물로서 즐기는 구근식물을 소개한다. 언뜻 보면 비슷한 것도 있으나, 원생지나 특성이 다르다. 각각의 특성에 맞춰 적절한 관리를 해주며 그 신비로운 매력을 만끽해보자.

아데니아 헤테로필라
[Adenia heterophylla]

시계꽃과 아데니아속
원생지: 오세아니아, 아시아
특징과 관리 방법:

잎은 시계초와 비슷하고, 꽃이 진 후에는 패션프루트처럼 생긴 과실이 달린다. 덩굴성이므로 지지대로 유인해준다. 봄부터 가을까지는 양지, 여름에는 직사광선이 비치지 않는 장소, 휴면기인 겨울에는 따뜻한 양지에 놓는다. 물은 흙 표면이 마르면 흠뻑 준다. 추위에 약하며, 잎이 완전히 떨어진 후에는 물을 주지 않는다. 싹이 나오기 시작하면 물을 주기 시작하여 서서히 양을 늘려나간다. 암수딴그루.

노리나
[Nolina Recurvata]

백합과 베아우카르네아속
원생지: 멕시코
특징과 관리 방법:

덕구리란. 잎 모양 때문에 '포니테일' 등으로 불리며 오래전부터 친숙한 관엽식물이다. 비대해진 부분에 물을 저장하고 있으므로 매우 튼튼하고 내한성도 있다. 일 년 내내 햇빛이 잘 드는 장소를 좋아하지만 반그늘에서도 키울 수 있다. 봄부터 가을에는 흙 표면이 마르면 물을 주고, 겨울에는 물주기 횟수를 줄인다. 높이가 약 2m인 것부터 손바닥만 한 것까지 다양한 크기로 유통하고 있다.

야트로파 베를란디에리
[Jatropha berlandieri]

대극과 야트로파속
원생지: 아프리카 남부, 멕시코 북부
특징과 관리 방법:

일본에서는 옛부터 '니시키산고錦珊瑚, 금산호'라는 이름으로 불리는 친숙한 식물이다. 이름대로 봄에서 여름에 걸쳐 산호처럼 빨간색 꽃이 달린다. 절단면에서 유액이 나오며, 몸에 닿으면 가려움증을 유발한다. 일 년 내내 햇빛이 잘 드는 장소에 놓고, 물은 흙 표면이 마르면 흠뻑 준다. 추위에 다소 약하다. 가을에 잎이 떨어지기 시작하여 잎이 완전히 떨어지면 물을 주지 말고 휴면시킨다. 겨울철 휴면기에도 따뜻한 양지에 놓는다.

피르미아나 콜로라타
[Sterculiaceae Firmiana]

벽오동과 벽오동속
원생지: 남아시아
특징과 관리 방법:

태국, 미얀마 등 남아시아 전반의 열대 우림 지역에 자생한다. 암석 지대나 자갈밭처럼 뿌리를 내릴 수 없는 환경에서는 뿌리가 팽창한다. 봄부터 가을에는 햇빛이 잘 드는 장소에 놓고, 여름에는 직사광선을 피한다. 물은 흙 표면이 마르면 듬뿍 준다. 가을에 잎이 떨어지기 시작하여 잎이 완전히 떨어지면 물을 주지 말고 휴면시킨다. 추위에 약하며, 겨울철 휴면기에도 따뜻한 양지에서 관리한다.

시닝기아 레우코트리카
[Sinningia leucotricha]

제스네리아과 시닝기아속
원생지: 브라질
특징과 관리 방법:

일본에서는 '절벽의 여왕'이라고 불린다. 은백색 잎은 섬세한 털로 빼곡히 덮여있다. 자생지에서는 벼랑이나 바위 사이에 착생하고, 표면에 잔뿌리가 있다. 5월 하순부터 7월에 대롱 모양의 주황색 꽃이 핀다. 봄부터 가을과 겨울에는 통풍이 잘되고 햇빛이 잘 드는 장소에 놓아두고, 여름에는 직사광선을 피한다. 물은 흙 표면이 마르면 흠뻑 준다. 추위에 다소 약하며, 가을에 잎이 떨어지기 시작하여 잎이 완전히 떨어지면 물을 주지 말고 휴면시킨다.

오르니토갈룸 카우다툼
[Ornithogalum caudatum]

백합과 오니소갈룸속
원생지: 남아프리카와 지중해 연안
특징과 관리 방법:

구근 옆에 작은 구근이 생기기 때문에 일본에서는 '코모치란子持欄 알배기난'이라는 이름으로 유통된다. 가을에 별 모양의 녹색이 감도는 흰색 꽃이 달린다. 반그늘에서도 키울 수 있으나, 햇빛이 잘 드는 장소에 놓는 것이 이상적이다. 여름에는 직사광선을 피하고, 겨울에는 실내 창가에 놓는다. 물은 흙 표면이 마르면 흠뻑 준다. 1~2㎝ 정도 크기의 작은 구근이지만, 물 빠짐이 좋은 흙에 심으면 손쉽게 재배할 수 있다.

드리미옵시스 마쿨라타
[Drimiopsis maculata]

아스파라거스과 드리미옵시스속
원생지: 남아프리카
특징과 관리 방법:

봄에 라케날리아와 비슷한 녹색이 감도는 흰색 꽃이 달리는 구근식물. 내음성이 강해 그늘에서도 키울 수 있으나, 특징적인 잎의 반점이 옅어지고 꽃이 피지 않게 된다. 봄부터 가을에는 반그늘에 놓고, 물은 흙 표면이 마르면 흠뻑 준다. 추위에 다소 약하며, 잎이 완전히 떨어지면 물을 주지 말고 휴면 시킨다.

포케아 에둘리스
[Fockea edulis]

박주가리과 포케아속
원생지: 나미비아, 남아프리카
특징과 관리 방법:

화성인이라고 부르기도 한다. 포기가 튼실해지면 덩굴의 곁눈에 작은 녹색 꽃이 달린다. 일 년 내내 통풍이 잘되고 햇빛이 잘 드는 장소에 놓고, 물은 흙 표면이 마르면 흠뻑 준다. 가을에 잎이 떨어지기 시작하여 잎이 완전히 떨어지면 물을 주지 말고 휴면시킨다. 추위에 다소 약하여 따뜻한 양지바른 장소에 놓는다. 5도 이상 유지되고 환경이 좋으면 잎이 지지 않은 상태로 생육할 수도 있다. 이때는 물을 적게 준다.

건조한 환경을 좋아하고 햇빛이
있어야 하는 식물이 많으므로,
실내 그린 인테리어로 장식할 경
우에는 놓는 장소에 주의한다.

method 03

드라이플라워가 되어가는 과정을
아름답게 장식하여 즐기자

꽃이 피던 모습을 기억 속에 간직하며 드라이플라워를 만들어보면 어떨까요?
싱그러운 생화와는 다른 매력이 있는 드라이플라워만의 분위기를 즐겨보세요.

왼쪽: 원종계 튤립 '릴리퍼트. **오른쪽:** 원종계 튤립 투르게스타니카와 하늘색 무스카리 아르메니아쿰 '마농'.

변해가는 모습마저도 아름다운
구근 꽃의 드라이플라워를 즐긴다

구근이 달린 상태로 구근을 건조시켜서 드라이플라워로도 즐길 수 있다. 큰 구근식물은 어렵지만, 튤립이나 무스카리는 건조한 겨울에서 봄까지 약 2개월 정도면 드라이플라워를 만들 수 있다. 볕이 들지 않고 통풍이 잘되는 장소에 구근이 위로 오게 하여 매달아 둔다. 꽃이 지기 직전에 시작하면, 구근의 양분에 의해 생장이 진행되어 꽃잎이 떨어지기 쉽다. 예쁘게 말리기 위해서는 꽃이 핀 후 가능한 빨리 건조시키는 것이 포인트이다.

style 01

색다른 장식 방법으로
드라이플라워가 되는
과정을 즐긴다

가는 나뭇가지 사이에 구근을 끼우고 마끈으로 매달아 놓았다. 꽃 색깔이 짙으면 건조 후에도 색이 선명하게 남는다.

왼쪽 위: 튤립 '앤절리크'와 '실버 클라우드'. '앤절리크'의 분홍빛이 예쁘게 남아 있다. **오른쪽 위:** 무스카리 '슈퍼스타'. 건조시키는 동안 구근 자체의 힘에 의해 꽃줄기가 위를 향하면서 구부러지는 경우도 있다. **오른쪽 아래:** 수선화 '테이트 어테이트'의 드라이플라워. **하단 왼쪽에서 두 번째:** 튤립 '실버 클라우드'. 건조 중에도 분구가 진행된다. **하단 왼쪽에서 세 번째:** 겹첩수선와 미국수국 '아나벨리'의 드라이플라워. **오른쪽 아래:** 콜키쿰 '더 자이언트'의 꽃을 한데 묶은 드라이플라워.

드라이플라워의 유종의 미를 즐긴다

구근 채소로 주방의 인테리어 감각을 높여보자

고구마나 마늘, 생강 등 채소 중에도 구근식물이
있습니다. 창가 한 편에 자그마한 주방 정원을
즐겨보세요.

고구마는 햇빛이 잘 드는 장소에서 관리하면 튼실하게 잘 자라며, 볕
이 잘 들지 않는 북향에서도 키울 수 있다. 산파는 햇빛이 잘 드는 장소
에서 관리한다.

하루하루 성장하는 모습이 기대되는
구근 채소의 수경 재배

고구마는 덩이뿌리, 마늘은 비늘줄기, 생강은 뿌리줄기인
구근식물이다. 무나 순무는 일년초이므로 '다육근'이라고
부른다. 히아신스나 수선화를 키울 때 이용한 수경 재배용
용기나 빈 병 등을 사용하면 채소로 아름답게 꾸며진 실내
그린 인테리어를 즐길 수 있다. 봄 이후 기온이 높은 시기
에는 뿌리가 나올 때까지 매일 물을 갈아주도록 한다. 자
갈을 사용하면(36쪽 참조) 물이 잘 부패하지 않아서, 물을
갈아주는 횟수를 줄일 수 있다. 양파나 마늘은 처음에는
구근의 밑면에 물이 닿을 정도로 넣어주고, 뿌리가 나오면
물높이를 낮춰준다.

a. 양파
일반 양파는 물론 적색 양파나 작은 양파도 괜찮다. 뿌리가 자라기 시작한 후 어느 정
도 지나면 잎이 자라기 시작한다.

b. 산파
골파나 산파는 구근으로도 판매하므로 크로커스나 무스카리처럼 자갈이나 경석을
사용하여 수경 재배를 즐길 수 있다.

c. 고구마
줄기가 달려있던 쪽을 아래로 향하게 하여 그대로 물에 담가놓으면 뿌리가 나온다.
반으로 잘라 단면이 물에 닿게 해주기만 해도 뿌리가 나온다.

산파와 양파의 잎이 자라면 요리에 곁들여도 좋다. 다육근인 당근과 무는 뿌리 부분을 여유 있게 잘라 물에 담그거나 자갈을 사용하여, 수경 재배를 해도 잎이 예쁘게 자라는 모습을 즐길 수 있다.

d. 토란

뿌리가 나오는 부분을 알 수 없으므로 처음에는 1/2 정도가 물에 잠기게 한다. 뿌리가 나오면 잇따라 잎눈도 나오므로 뿌리가 자라면 토란이 물에 닿지 않는 용기에 놓아둔다.

e. 기타

토란 '야츠가시라'는 잎이 매우 아름다워 채소 수경 재배로 가장 추천하는 채소이다. 고구마와 같은 방법으로 손쉽게 즐길 수 있으나, 유통되는 기간이 짧다.

개성적인 희귀 구근식물과의 만남을 기대하며

소박하지만 자세히 보면 섬세하고 개성적인 생김새.
희귀하고 매력적인 구근식물에 마음이 끌립니다.

사진 속의 구근식물은 모두 계절이 찾아오면 귀
여운 꽃을 피운다. 저마다 개성 넘치는 모습이
무척 사랑스럽다.

산야초나 다육 식물로 취급하는 희귀한 구근식물

구근을 심는 계절이 오면 원예 전문점 앞에
는 화려한 꽃을 피우는 원예종 구근이 많
이 나온다. 그 외에 희소성 있는 품종이나
그리 많이 알려지지 않은 구근식물도 많다.
그런 것들은 대부분 구근이 아닌 산야초나
다육 식물의 포트 모종으로 판매하고 있다.
저마다의 특징을 알고 보면 모두 개성적이
고 매력적이다. 여기에서는 성장 과정을 천
천히 지켜보고 싶을 만큼 사랑스러운 작고
가녀린 품종을 소개한다.

그래쿰 시클라멘
[Cyclamen graecum]

앵초과 시클라멘속
원생지: 그리스, 터키
개화기: 9~11월
특징과 재배 방법: 나폴리 시클라멘과 같은
가을 개화 원종으로, 수명이 긴 것은 20년이나
된다. 생장이 빠르고 꽃달림도 좋다. 구근 아래
쪽에서 뿌리가 나오므로 구근의 절반 정도가 위
로 나온 상태로 심는다.

코움 시클라멘 '실버리프'
[Cyclamen coum 'Silver Leaf']

앵초과 시클라멘속
원생지: 불가리아
개화기: 1~3월
특징과 재배 방법: 튼튼하고 내한성이 있어
노지 재배, 화분 재배 모두 키우기 쉽다. 은색 잎
이 달리는 우수 품종으로, 꽃은 겨울부터 봄에 걸
쳐 핀다. 구근이 살짝 묻힐 정도로 얕게 심어, 다
소 건조하게 관리한다.

아키스 아우툼날리스
[Acis autumnalis]

백합과 아키스속
원생지: 남유럽
개화기: 8~10월
특징과 재배 방법: 흰색에서 분홍색의 종 모
양 꽃이 달리는 가을 개화종 스노우플레이크. 풀
길이가 15㎝ 정도로 작고 섬세하다. 꽃이 진 후
에 가는 잎이 나와서 봄까지 성장한다. 근래에 레
우코윰속에서 아키스속으로 바뀌었다.

알부카 나마쿠엔시스
[Albuca namaquensis]

백합과 알부카속
원생지: 남아프리카
개화기: 2~4월
특징과 재배 방법: 물 빠짐이 좋은 흙에 심어
통풍이 잘되는 양지에 놓아둔다. 생육기에는 겉
흙이 마르면 물을 흠뻑 준다. 튼튼한 이 식물은 봄
에는 황록색 꽃이 피고, 여름에는 지상부가 시들
어 휴면한다. 한랭지에서 겨울에는 실내에서 관
리한다.

이 책에 실린 구근식물명 찾아보기

지은이 ● 마쓰다 유키히로

도쿄 출생. 학창 시절부터 식물에 관심이 많아, 조경회사 근무를 거쳐 2002년에 독립,
정원 기획과 시공을 하고 있다. 도쿄 지유가오카에 정원 디자인과 앤티크 가구, 잡화를
취급하는 'BROCANTE'를 오픈하여 현재까지 운영하고 있다. 일본에 '브로캉트'라는 단어가
널리 알려지는 계기가 되었으며, 세련되고 수준 높은 감각으로 정평이 나 있다. 저서로는
《정원과 살면》, 《식물과 살면》, 《프랑스의 정원, 식물, 삶》 등이 있다.

BROCANTE http://brocante-jp.biz

BROCANTE
152-0035 도쿄도 메 구로구 지유가오카 3-7-7

BHS around
224-0033 요코하마시 가나가와현 쓰즈키구 지가사키히가시 5-6-14

처음 시작하는 구근식물 가드닝

1판 1쇄 발행   2019년 2월 25일
1판 3쇄 발행   2022년 10월 4일

지은이 마쓰다 유키히로 ● 옮긴이 방현희 ● 펴낸이 김기옥
실용본부장 박재성 ● 편집 실용 2팀 이나리, 장윤선 ● 마케터 이지수
영업 전략 김선주 ● 지원 고광현, 김형식, 임민진
디자인 나은민 ● 인쇄 · 제본 민언프린텍

펴낸곳   한스미디어(한즈미디어(주))
         주소   121-839 서울시 마포구 양화로 11길 13(서교동, 강원빌딩 5층)
         전화   02-707-0337
         팩스   02-707-0198
         홈페이지 www.hansmedia.com

출판신고번호 제313-2003-227호 | 신고일자 2003년 6월 25일

ISBN 979-11-6007-632-5 13520

책값은 뒤표지에 있습니다.
잘못 만들어진 책은 구입하신 서점에서 교환해 드립니다.

Original edition creative staff
Author: Yukihiro Matsuda
Original design and layout: Yurie Ishida(ME&MIRACO)
Photography and text: Chiaki Hirasawa
Illustration: Tsudanbo
Collaboration: Hiroshi Makino(Shirako Nursery Co.Ltd)
Japanese edition editer: Harumi Shinoya
Special thanks: Komoriya Nursery Co.Ltd / Shirako Nursery Co.Ltd / BROCANTE Staff